普通高等教育"十二五"规划教材

Access 2013 数据库实训教程

主　编　熊小兵　周　炫

副主编　夏力超　周天瑛

电子工业出版社·

Publishing House of Electronics Industry

北京·BEIJING

内 容 简 介

　　本书是《Access 2013 数据库应用》一书的配套用书，内容包括与教材各章节相配套的习题、实验指导、上机模拟试题和全国计算机等级考试真题及解析（Access）4 个部分，覆盖了教材各章节的知识点。其中习题部分配有详细解析，使读者对《Access 2013 数据库应用》进一步加深理解；实验指导部分共有 21 个实验内容，每一个实验都根据教学目标而设计，详细地介绍了实验的操作过程并给出了实验结果；上机模拟试题部分的每一个题目不仅提出了功能要求，而且给出了具体的答案提示，需综合应用所掌握的知识来实现。

　　本书提供的素材中包括上机模拟试题部分的试题库、主教材例题所涉及的数据库及其对象、一些典型的实例代码等，请有此需求的读者登录华信教育资源网（www.hxedu.com.cn）免费注册后下载使用。

　　本书全面配合教材及全国计算机等级考试大纲，实例丰富，体系清晰，通过习题、实验和上机模拟试题的练习，学生可加深对 Access 的理解，并且使应用能力得到较大幅度的提高。本书除作为《Access 2013 数据库应用》的配套用书外，还可作为高等院校、高职高专院校学生学习 Access 的辅助教材，也可作为全国计算机等级考试考生的培训辅导书。

图书在版编目（CIP）数据

Access 2013 数据库实训教程 / 熊小兵，周炫主编 . — 北京：电子工业出版社，2016.2
普通高等教育"十二五"规划教材
ISBN 978-7-121-27421-3

Ⅰ . ①A… 　 Ⅱ . ①熊… ②周… 　 Ⅲ . ①关系数据库系统－高等学校－教材 　 Ⅳ . ①TP311.138

中国版本图书馆 CIP 数据核字（2015）第 246569 号

策划编辑：袁　玺
责任编辑：郝黎明
印　　刷：三河市兴达印务有限公司
装　　订：三河市兴达印务有限公司
出版发行：电子工业出版社
　　　　　北京市海淀区万寿路 173 信箱　　邮编：100036
开　　本：787×1092　1/16　印张：13.5　字数：388 千字
版　　次：2016 年 2 月第 1 版
印　　次：2016 年 2 月第 1 次印刷
定　　价：32.00 元

凡所购买电子工业出版社图书有缺损问题，请向购买书店调换。若书店售缺，请与本社发行部联系，联系及邮购电话：(010)88254888。

质量投诉请发邮件至 zlts@phei.com.cn，盗版侵权举报请发邮件至 dbqq@phei.com.cn。

服务热线：(010)88258888。

前　　言

　　本书是《Access 2013 数据库程序设计》的配套教学辅助练习参考书。本书分为习题、实验指导、上机模拟试题和全国计算机等级考试真题及解析（Access）。本书习题中采用了大量的 Access 二级等级考试试题和操作练习题，在习题中提供了习题练习和答案及解析，并针对最近两年 4 套等级考试真题进行了详细解析；实验指导部分提供了操作示例和步骤、实验操作内容；上机模拟试题中提供了题库、题目要求及答案提示。

　　为了配合教学，以及提高学生对知识点的理解和操作应用能力，在习题中学生可以通过习题解析来理解相关知识点的概念。在实验中提供了分章实验，按章节提供了实验目的、实验任务及实验方法，学生通过任务中的详细操作步骤，得到操作应用的启发，以提高实验的操作应用能力；在上机模拟试题中分基本操作题、简单应用题和综合应用题 3 类，学生可以由浅入深地进行分类练习，在操作练习中真正掌握所学的知识，使自己的实际操作能力得到提高，并且能达到等级考试的操作要求和应用能力要求。

　　本书习题及实验与教材中的各章节相配套，包括数据库及表、查询、窗体、报表、宏、SharePoint、VBA 编程入门及模块等章节的概念习题和实验内容。

　　本书由熊小兵、周炫担任主编，夏力超、周天瑛担任副主编，具体分工如下：第一部分实验一～实验九由熊小兵编写，实验十～实验二十一由周炫编写；第二部分由夏力超编写；第三部分由周天瑛编写；最后由熊小兵统稿。本书在编写过程中得到了计算机学院领导和同事的大力支持与帮助，在此一并感谢，另外特别要感谢的是本书的责任编辑，是他一丝不苟的严谨工作，保证了本书的顺利出版。

　　由于编者水平有限，书中难免存在疏漏和不足之处，敬请广大读者批评指正。

编　者

目　　录

第一部分　实 验 指 导

实验一　Access 2013 基本操作

实验目的及要求

- 掌握 Access 2013 的启动、退出及其主界面组成。
- 掌握 Access 2013 数据库的创建方法。
- 掌握 Access 2013 的主要工作环境。

准备工作

- 基本了解 Access 应用软件，掌握数据库相关理论基础知识。
- 在 D 盘根目录下新建一个自己的文件夹，以自己的学号命名，用于存放实验作业；由于个人原因数据丢失，实验成绩按 0 分计。

实验任务、方法及步骤

任务一：Access 2013 的启动

方法及步骤：

在 Windows 中，启动 Access 2013 有多种方法，分别如下。

（1）在 Windows 环境下，执行"开始"→"程序"→"Microsoft Office 2013"→"Access 2013"命令，可以启动 Access 2013。

（2）通过双击桌面上的 Access 2013 快捷方式图标，即可启动 Access 2013。

（3）通过运行启动命令方式。执行"开始"→"运行"命令，在窗口中输入"msaccess"命令即可启动 Access 2013，初次启动 Access 2013 的界面如图 1.1.1 所示，从图中可以看到，Access 2013 提供了许多数据库的模板。

任务二：数据库的创建

创建一个空数据库，命名为"JXGL.accdb"（教学管理），并保存在自己准备的工作目录中，熟悉 Access 2013 的操作界面。

方法及步骤：

（1）启动 Access 2013，单击界面中间的"空白桌面数据库"按钮，即会弹出所建数据库的名称和保存路径对话框。

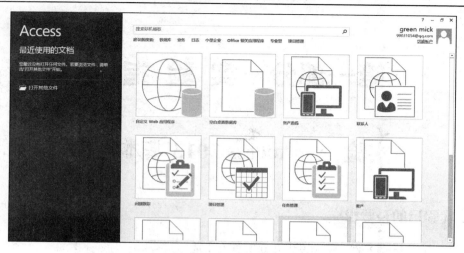

图 1.1.1　Access 2013 启动界面

（2）输入文件名"JXGL.accdb"，单击路径选择图标📂，选择自己所准备的目录，如"D:\093821001"，单击"创建"按钮完成空数据库的创建。

（3）默认情况下，当前界面正准备为 JXGL 数据库创建名为"表 1"的结构。

练习

1．数据库的打开和关闭。
2．通过模板创建数据库。

实验二　表的基本操作

实验目的及要求

● 掌握 Access 2013 中表的创建方法。
● 掌握 Access 2013 中表的两种视图模式的使用。
● 掌握 Access 2013 表主键及关系的设置。

准备工作

● 了解数据库、表（二维关系）、字段（属性）及记录（元组）等基本概念及相互关系。
● 在 D 盘根目录下新建一个自己的文件夹，以自己的学号命名，并创建好空数据库 JXGL。

实验任务、方法及步骤

任务一：表的创建

创建"学生"表，具体要求：在 JXGL 数据库中创建"学生"表，用来表示学生的基本信息，表中所包含的字段、数据类型及其说明如表 1.2.1 所示。

表 1.2.1　"学生"表中所包含的字段、数据类型及其说明

字段名称	数据类型	说　明
学号	短文本	学生编号，每位学生都有唯一的编号
姓名	短文本	学生姓名
性别	短文本	学生性别
出生日期	日期/时间	学生的出生日期
身高	数字	学生的身高，以厘米为单位
院系	短文本	学生所在院系
党员与否	是/否	是为党员，否为非党员
评语	长文本	学生备注信息
相片	OLE 对象	学生照片

方法及步骤：

Access 2013 可以通过执行"创建"→"表格"→"表"命令新建一个空表，可以在数据透视图模式下完成表的创建，也可以在设计视图模式下完成表的创建工作，这里使用设计视图模式。

（1）创建表。打开 JXGL 数据库，然后执行"创建"→"表格"→"表"命令，如图 1.2.1 所示。Access 2013 基本的管理对象都位于"创建"选项卡中。

图 1.2.1　创建表

（2）添加字段及其数据类型。根据表 1.2.1 中对字段及数据类型等的要求，在设计视图的上半部分"字段名称"列输入预先定义好的字段名，在"数据类型"列选择字段的数据类型，在"说明"列输入字段的说明信息。右击"学号"字段左方的记录选定区，在弹出的快捷菜单中执行"主键"命令，将"学号"字段设置为"学生"表的主键，如图 1.2.2 所示。

图 1.2.2　设置字段及其数据类型

（3）保存。单击设计视图的"关闭"按钮，系统会提示是否保存对所设计表的操作，单击"是"按钮，在弹出的"另存为"对话框中输入要保存表的名称"学生"，单击"确定"按钮，即可完成对表设计的保存工作，如图 1.2.3 和图 1.2.4 所示。

图 1.2.3　保存提示对话框

图 1.2.4　"另存为"对话框

任务二：添加、删除及更改字段顺序

在"学生"表中"出生日期"字段前添加"年龄"字段，将"评语"字段移动至最后，删除"年龄"字段。

方法及步骤：

（1）插入字段。双击打开左右数据库对象区中的"学生"表，执行"开始"→"视图"→"视图"命令，以设计视图模式打开"学生"表，或者打开 JXGL 数据库，在左对象区中右击"学生"表，在弹出的快捷菜单中执行"设计视图"命令，即打开"学生"表的设计视图。选中"出生日期"字段，再执行"设计"→"工具"→"插入行"命令，在添加的空行中输入"年龄"新字段名，设置其数据类型，完成字段的插入操作，如图 1.2.5 所示。

（2）移动字段。选中"评语"字段，拖动该字段到末尾。

（3）删除字段。右击"年龄"字段，在弹出的快捷菜单中执行"删除行"命令，在弹出的确认对话框中单击"是"按钮，即完成删除字段的操作，如图 1.2.6 所示。

图 1.2.5　插入行操作

图 1.2.6　删除字段操作

任务三：查阅向导的使用

修改"学生"表中"院系"字段的类型为"查阅向导"，参照"部门"表中"部门名"的取值。"部门"表的结构信息如表 1.2.2 所示。

表 1.2.2　"部门"关系结构表

字段名称	数据类型	说　　明
部门名	文本	教学院系名称
电话	文本	教学院系办公电话
办公地点	文本	教学院系所在地址

方法及步骤：

（1）"部门"表的创建及记录信息的录入（步骤同任务一）。

（2）打开"学生"表的设计视图，修改"院系"字段的数据类型为"查阅向导"，在"查阅向导"中选中"使用查阅字段获取其他表或查询中的值"单选按钮，如图 1.2.7 所示。

（3）单击"下一步"按钮，选择"部门"表，确定"院系"字段所参照的信息来源于此表，如图 1.2.8 所示。

图 1.2.7　设置数据类型　　　　　　　图 1.2.8　设置数据源

（4）单击"下一步"按钮，确定"院系"字段所参照的信息来源于"部门名"字段，如图 1.2.9 所示。

（5）设置字段的排序，继续单击"下一步"按钮。

（6）设置字段宽度，可以拖动边框做调整，继续单击"下一步"按钮。

（7）设置查询字段标签，单击"完成"按钮结束操作。

（8）将"学生"表切换到数据透视表视图，单击记录中"院系"字段值，可以从下拉列表中选取新的值，达到修改字段值的效果，如图 1.2.10 所示。

图 1.2.9　设置数据字段

图 1.2.10　"查阅向导"的使用

任务四：字段属性的设置

设置"学生"表"性别"字段长度为"1"，取值范围："男"或"女"，默认值为"男"，并且不允许为空，"出生日期"字段的格式为：1992 年 05 月 20 日，并且取值位于：1990 年 1 月 1 日～1995 年 12 月 30 日，否则提示："你输入的日期超出允许范围"。设置"部门"表中的　"电话"的格式为：010-8622001，在输入的同时提示：010-_____。

方法及步骤：

（1）打开"学生"表的设计视图，单击"性别"字段，在视图的下半部分，单击"常规"选项卡，做如下属性设置，如图 1.2.11 所示。

图 1.2.11　字段属性设置

字段大小：1。

默认值："男"。

验证规则："男"Or"女"。

（2）单击"出生日期"字段，在视图下半部分"常规"选项卡中做如下属性设置，如图 1.2.12 所示。

格式：yyyy\年 mm\月 dd\日。

验证规则：Between #1990-1-1# And #1995-12-30#（如果系统自动在日期后添加星期，则需要设置控制面板中的日期格式，否则会影响规则的使用）。

验证文本：你输入的日期超出允许范围。

（3）在"部门"表的设计视图中单击"电话"字段，在视图下半部分"常规"选项卡中做如下属性设置，如图 1.2.13 所示。

输入掩码："010-"00000000;0;0。

常规	查阅
格式	yyyy\年mm\月dd\日
输入掩码	
标题	
默认值	
验证规则	Between #1990/1/1# And #1995/12/30#
验证文本	你输入的日期超出允许范围
必需	否
索引	无
输入法模式	关闭
输入法语句模式	无转化
文本对齐	常规
显示日期选取器	为日期

图 1.2.12　字段属性设置

常规	查阅
字段大小	12
格式	
输入掩码	"010-"00000000;0;0
标题	

图 1.2.13　字段属性设置

练习

1．在数据表视图中完成表的创建操作。

2．在"学生"表中输入若干条学生记录信息。

3．创建其他表，如表 1.2.3～表 1.2.7 所示。

表 1.2.3　"部门"关系结构表

字段名称	数据类型	字段大小	输入掩码	默认值	有效性规则	主键
部门名	文本	10				是
电话	文本	12				
办公地点	文本	12				

表 1.2.4　"课程"关系结构表

字段名称	数据类型	字段大小	输入掩码	默认值	有效性规则	主键
课号	文本	2				是
课名	文本	8				
课时	数字	整型				
学分	数字	字节				
先修课号	文本	2				

表 1.2.5 "选修"关系结构表

字段名称	数据类型	字段大小	输入掩码	默认值	有效性规则	主键
学号	文本	5				是
课号	文本	2				是
成绩	数字	单精度型			>=0 And<=100	

表 1.2.6 "教工"关系结构表

字段名称	数据类型	字段大小	输入掩码	默认值	有效性规则	主键
职工号	文本	7				是
姓名	文本	4				
性别	文本	1		男	="男"Or"女"	
出生日期	日期时间					
工作日期	日期时间					
学历	文本	5				
职务	文本	5				
职称	文本	8				
工资	货币	2 位小数				
配偶号	文本	7				
部门	文本	10				
相片	OLE 对象					

表 1.2.7 "教课"关系结构表

字段名称	数据类型	字段大小	输入掩码	默认值	有效性规则	主键
序号	自动编号	长整型				是
教工号	文本	7				
课号	文本	2				
学年度	文本	9				
学期	文本	2				
班级	文本	9				
考核分	数字	单精度型				

实验三　数据的导入导出及表关系的创建

实验目的及要求

- 掌握 Access 2013 中表中数据的导入导出操作。
- 理解关系的种类，确定表间一对一、一对多、多对多关系的方法。
- 掌握表间关系的内在含义，理解参照完整性、级联更新和级联删除。
- 掌握 Access 2013 关系的设置与编辑方法。

准备工作

- 理解主键、外键、候选键的概念，掌握表间主表、子表及其联系。
- 已建立好将被导入的数据文件，可以是文本文件格式，也可以是电子表格文件。

● 根据实验二的要求建好"学生"表、"部门"表、"教工"表、"课程"表、"选修"表和"教课"表，分析出表中的主键及外键。

实验任务、方法及步骤

任务一：数据的导入

将"学生.xlsx"电子表格中的学生信息追加到 JXGL 数据库的"学生"表中，并保存此次导入操作为"导入学生"。

方法及步骤：

（1）打开 JXGL 数据库，执行"外部数据"→"导入并链接"→"Excel"命令，弹出"获取外部数据-Excel 电子表格"对话框，如图 1.3.1 所示。

图 1.3.1　导入电子表格操作

（2）单击"浏览"按钮，选定将被导入的"学生.xlsx"文件，在下方的"指定数据在当前数据库中的存储方式和存储位置"选项组中选择第二项："向表中追加一份记录的副本"，并且在右侧的下拉列表中选中"学生"表，单击"确定"按钮，弹出"导入数据表向导"对话框。

（3）选中"显示工作表"单选按钮，在右侧的工作表列表中选择含有学生信息的"学生"工作表，可以看到下方显示出工作表中的学生记录信息，单击"下一步"按钮。

（4）根据工作表中是否存在列标题来确定第一行包含列标题，这里选中"第一行包含列标题"复选框，单击"下一步"按钮。

（5）显示导入到"学生"表，可根据需要选中"导入完成后用向导对表进行分析"复选框，单击"完成"按钮进入保存导入步骤环节。

（6）选中"保存导入步骤"复选框，在"另存为"文本框中输入"导入学生"，单击"保存导入"按钮完成导入操作，可以在数据透视表视图下查看"学生"表中记录的追加情况。

任务二：数据的导出

将"学生"表中的记录信息导出到文本文件"学生.txt"中，要求导出列标题，并且字段间以逗号分隔。

方法及步骤：

（1）打开 JXGL 数据库，在 Access 对象区选中"学生"表，执行"外部数据"→"导出"→"文本文件"命令，弹出"导出文件"对话框，如图 1.3.2 所示。

图 1.3.2　导出文本文件操作

（2）单击"浏览"按钮，指定文件名及保存路径，单击"确定"按钮，打开"导出文本向导"。

（3）确定导出信息的分隔符，选中"带分隔符"单选按钮，单击"下一步"按钮。

（4）选中"逗号"单选按钮，选中"第一行包含字段名称"复选框，单击"下一步"按钮，如图 1.3.3 所示。

图 1.3.3　导出文本向导

（5）提示导出记录信息到指定文件的路径文件名，确定无误后单击"完成"按钮。

（6）无须保存导出操作，直接单击"关闭"按钮完成操作。

（7）打开所导出的文本文件，查看导出信息是否正确。

任务三：表关系的创建

为 JXGL 数据库中的"学生"表、"部门"表、"教工"表、"选修"表、"课程"表、"教课"表之间建立关系，并设置相应的参照完整性，如图 1.3.4 所示。

图 1.3.4　表关系操作

方法及步骤：

（1）打开 JXGL 数据库，执行"数据库工具"→"关系"→"关系"命令，打开"关系"窗口。

（2）向"关系"窗口中添加表。如果表间已存在关系，会在"关系"窗口中列出，如果没有建立关系或增加新表间的关系则可以执行"设计"→"查询设置"→"显示表"命令，弹出"显示表"对话框，如图 1.3.6 所示，逐一将需要建立关系的表添加到"关系"窗口中。

图 1.3.5　打开"关系"窗口的操作　　　　　　　　图 1.3.6　"显示表"对话框

（3）建立关系。将"学生"表中的"学号"字段拖动至"选修"表中的"学号"字段上方，释放鼠标左键弹出"编辑关系"对话框，如图 1.3.7 所示。选中"实施参照完整性"复选框，可以根据需要选中"级联更新相关字段"和"级联删除相关记录"复选框。单击"新建"按钮完成"学生"表与"选修"表之间关系的建立，可以看到"关系"窗口中"学生"表与"选修"表之间有一条连接线，并且一端标明"1"，另一端标明"∞"，说明"学生"表与"选修"表之间是一对多的关系。

（4）编辑修改关系。双击表与表的关系连线，或者右击表与表之间的连线，在弹出的快捷菜单中执行"编辑关系"命令，弹出"编辑关系"对话框，可以重新设定关系，如图 1.3.8 所示。

图 1.3.7　"编辑关系"对话框　　　　　　　　　　图 1.3.8　"编辑关系"命令

（5）删除关系。单击选中表与表之间的关系连线，按【Delete】键，或右击连线，在弹出的快捷菜单中执行"删除"命令，完成关系的删除操作。

（6）保存关系。关闭"关系"窗口，并确认保存关系布局，或直接单击快速访问工具栏中的"保存"按钮。

练习

1．将"教工"表中的信息导出为文本文件"教工.txt"，字段内容以逗号分隔，并包含标题信息。
2．进一步了解表与表之间的关系：参照完整性、级联更新和级联删除。

实验四 创 建 查 询

实验目的及要求

- 掌握 Access 2013 中查询的种类及其特点，使用设计视图创建各种查询的方法。
- 理解选择、投影及连接等概念，掌握传统的集合运算方法。
- 掌握算术运算符、逻辑运算符、比较运算符、字符串操作运算符和通配符的使用。
- 掌握算术函数、SQL 聚集函数、字符函数、日期时间函数和转换函数的使用。
- 掌握条件表达式的书写，包括数值条件、文本条件和日期时间条件。
- 掌握数据表的单表查询、多表查询、排序分组查询。
- 理解 SQL 查询与其他设计视图查询之间的内在联系，能实现两种查询相互的转化。

准备工作

- 创建好 JXGL 数据库，并创建好"学生"表、"部门"表、"教工"表、"选修"表、"课程"表、"教课"表。
- 为表与表之间创建对应的关系，实现参照完整性。

实验任务、方法及步骤

任务一：单表查询

建立一个查询，要求显示出生于 1992 年，身高大于 165 厘米的女生或者出生于 1991 年身高大于 175 厘米的男生的学号、姓名信息，最后保存查询为"单表查询"。

方法及步骤：

（1）打开 JXGL 数据库，并执行"创建"→"查询"→"查询设计"命令，弹出"显示表"对话框，如图 1.4.1 所示。

（2）在"显示表"对话框中选中"学生"表，单击"添加"按钮。

（3）将查询设计视图上方字段列表中的"学号"、"姓名"、"出生日期"、"身高"、"性别"字段逐一拖动到视图下方列表中。

（4）在"显示"行取消选中作为条件字段的"身高"、"出生日期"、"性别"复选框。

图 1.4.1 创建查询

（5）将"出生日期"字段列更改为"表达式1：Year（[出生日期]）"。

（6）在"条件"行"身高"字段列对应输入">175"，"表达式1：Year([出生日期])"字段列对应输入"1992"，"性别"字段列对应输入""男""。

（7）在"或"行"身高"字段列对应输入">165"，"表达式1：Year([出生日期])"字段列对应输入"1991"，"性别"字段列对应输入""女""，如图 1.4.2 所示。

字段：	学号	姓名	身高	表达式1：Year([出生日期])	性别
表：	学生	学生	学生		学生
排序：					
显示：	✓	✓	☐	☐	☐
条件：			>175	1992	"男"
或：			>165	1991	"女"

图 1.4.2　查询设计及查询条件的设置

（8）执行"设计"→"结果"→"运行"命令，查看结果。

（9）单击快速访问工具栏中的"保存"按钮，保存查询，命名为"单表查询"，单击"确定"按钮。

任务二：多表查询

建立一个多表联合查询，要求显示"计算机系"的学生的"学号"、"姓名"、"课程名"、"学分"字段信息，保存为"多表查询"。

方法及步骤：

（1）打开 JXGL 数据库，并执行"创建"→"查询"→"查询设计"命令，弹出"显示表"对话框，将"学生"表、"选修"表和"课程"表添加到设计视图，如图 1.4.3 所示。

（2）双击"学生"表的"学号"、"姓名"和"院系"字段，"课程"表的"课名"和"学分"字段，选修表的"成绩"字段。

（3）取消选中作为条件字段的"院系"列"显示"行复选框，并在"条件"行输入""计算机系""，可以拖动列，更改字段的显示顺序，如图 1.4.4 所示。

图 1.4.3　添加表到查询设计视图

图 1.4.4　查询条件的设置

（4）执行"设计"→"结果"→"运行"命令，查看结果。

（5）单击快速访问工具栏中的"保存"按钮，保存查询，命名为"多表联合查询"，单击"确定"按钮。

任务三：统计查询

建立一个查询，要求显示计算机系男生、女生的成绩：最高分、最低分和平均分（保留两位小数），保存为"统计查询"。

方法及步骤：

（1）打开 JXGL 数据库，并执行"创建"→"查询"→"查询设计"命令，弹出"显示表"对话框，将"学生"表、"选修"表添加到设计视图。

（2）将"选修"表的"成绩"字段连续 3 次拖动到设计视图下方字段列表，并且将"学生"表的"性别"和"院系"字段也拖入到下方。

（3）执行"设计"→"显示隐藏"→"汇总"命令，如图 1.4.5 所示，在设计视图下方增加总计行，在此行将"性别"字段列设置为"Group By"，第一个"成绩"列更改列名为"最高分：成绩"，"总计"行设置为"最大值"，第二个"成绩"列更名为"最低分：成绩"，"总计"行设置为"最小值"，第三个"成绩"列更名为"平均值"，"总计"行设置为"平均值"，"院系"列"总计"行设置为"Where"，并在"条件"行输入""计算机系""，如图 1.4.6 所示。

图 1.4.5 汇总查询

（4）修改"平均值"属性使其保留两位小数。右击"平均值"列，在弹出的快捷菜单中执行"属性"命令，打开"属性表"窗口，在"常规"选项卡中设置"格式"为"固定"，"小数位数"为"2"即可，如图 1.4.7 所示。

字段	性别	最高分: 成绩	最低分: 成绩	平均值	院系
表	学生	选修	选修	选修	学生
总计	Group By	最大值	最小值	平均值	Where
排序					
显示	✓	✓	✓	✓	
条件					"计算机系"
或					

图 1.4.6 查询条件的设置

图 1.4.7 表属性的设置

（5）执行"设计"→"结果"→"运行"按钮，查看结果。

（6）单击快速访问工具栏中的"保存"按钮，保存查询，命名为"统计查询"，单击"确定"按钮。

任务四：参数查询

建立一个查询，要求在"教工"表中根据输入的部门名称和职称，统计不同部门不同职称的人数，保存为"教工多参数查询"。

方法及步骤：

（1）打开 JXGL 数据库，并执行"创建"→"查询"→"查询设计"命令，弹出"显示表"对话框，将"教工"表添加到设计视图。

（2）将"部门"、"职称"和"职工号"字段拖动到设计视图下方字段列表。

（3）执行"设计"→"显示隐藏"→"汇总"命令，在设计视图下方增加"总计"行，将"部门"字段列设置为"Group By"，"职称"字段列设置为"Group By"，"职工号"字段列设置为"Group By"。

图 1.4.8　查询条件的设置

（4）将"条件"行"部门"字段列设置为"［请输入部门名：］"，"职称"字段列设置为"［请输入职称：］"，如图 1.4.8 所示。

（5）执行"设计"→"结果"→"视图"或"运行"命令，这时系统弹出"输入参数值"对话框，如图 1.4-9 所示。

在"请输入部门名："文本框中输入班级"计算机系"，然后单击"确定"按钮。这时又弹出第二个对话框，如图 1.4.10 所示。在"请输入职称名："文本框中输入课程名称"教授"，然后单击"确定"按钮。这时就可以看到相应的查询结果，如图 1.4.11 所示。

图 1.4.9　部门参数输入对话框　　　图 1.4.10　职称参数输入对话框　　　图 1.4.11　查询结果

（6）执行"文件"→"另存为"命令，将该参数查询保存为"教工多参数查询"，最后单击"确定"按钮。

练习

1．创建一个查询，查找并显示年龄小于等于 25 岁的学生"学号"、"姓名"和"出生日期"，并按年龄从小到大排列。

2．建立"教工授课查询"，显示"教工姓名"、"班级"、"课名"及"课时"信息。

3．统计各类职称教工人数。

4．分别统计各类职称教工的平均工龄。

5．根据输入的参加工作年份和职称查询出符合条件的教工信息。

实验五　操作查询

实验目的及要求

● 掌握 Access 2013 中操作查询的种类及其特点，使用设计视图创建各种查询的方法。

● 理解选择、投影及连接等概念，掌握传统的集合运算方法。

● 掌握算术运算符、逻辑运算符、比较运算符、字符串操作运算符和通配符的使用。

● 掌握算术函数、SQL 聚集函数、字符函数、日期时间函数和转换函数的使用。

● 掌握条件表达式的书写，包括数值条件、文本条件和日期时间条件。

准备工作

● 创建好 JXGL 数据库，并创建好"学生"表、"部门"表、"教工"表、"选修"表、"课程"表、"教课"表。

● 为表与表之间创建对应的关系，实现参照完整性。

● 为自己创建工作目录，以便保存文件信息。

实验任务、方法及步骤

任务一：生成表查询

建立一个查询，要求显示成绩低于 60 分学生的学号、姓名、课程名及成绩，按成绩从高到低排序，并将查询结果保存至新表"成绩表"中，所建立查询命名为"成绩查询"。

方法及步骤：

（1）打开 JXGL 数据库。

（2）启用安全警告中的宏操作（如果已经启用，可以跳过此步）。执行"文件"→"选项"命令，弹出"Access 选项"对话框，选择"信任中心"选项，单击"信任中心设置"按钮，如图 1.5.1 所示。在弹出的"信任中心"对话框中的"宏设置"中，启用所用宏。

图 1.5.1　信任中心设置

（3）执行"创建"→"查询"→"查询设计"命令，弹出"显示表"对话框。将"学生"表、"选修"表和"课程"表添加到设计视图，并将"学生"表中的"学号"和"姓名"字段，"课程"表中的"课名"字段，"选修"表中的"成绩"字段添加到设计视图下方的字段列表，将"成绩"字段列的"排序"行设置为"降序"，"条件"行设置为"<60"。

（4）执行"设计"→"查询类型"→"生成表"命令，如图 1.5.2 所示，弹出"生成表"对话框，如图 1.5.3 所示。

图 1.5.2　创建生成表查询

图 1.5.3　"生成表"对话框

图 1.5.4 确认生成表及复制记录数

（5）输入表名称"成绩"，根据需要选择保存的数据库，这里选择"当前数据库"。

（6）执行"设计"→"结果"→"运行"命令，系统会提示用户确认正准备向新表中粘贴若干条记录，如图 1.5.4 所示。单击"是"按钮，完成新表的生成。

（7）单击快速访问工具栏中的"保存"按钮，保存查询，命名为"成绩查询"，单击"确定"按钮。

任务二：删除查询

从"选修"表中删除成绩低于 60 分的学生信息，所建查询保存为"删除查询"。

方法及步骤：

（1）打开 JXGL 数据库。

（2）启用安全警告中的宏操作（任务一中已给出）。

（3）执行"创建"→"查询"→"查询设计"命令，弹出"显示表"对话框。将"选修"表添加到设计视图上方，并将"成绩"字段添加到设计视图下方的字段列表，将"成绩"字段列的"条件"行设置为"<60"，如图 1.5.5 所示。

（4）执行"设计"→"查询类型"→"删除"命令，如图 1.5.6 所示。

图 1.5.5 删除查询设计

（5）执行"设计"→"结果"→"运行"命令，系统会提示用户确认正准备删除若干条记录，如图 1.5.7 所示。单击"是"按钮，完成删除查询操作。

图 1.5.6 删除查询

图 1.5.7 删除确认对话框

（6）单击快速访问工具栏中的"保存"按钮，保存查询，命名为"删除查询"，单击"确定"按钮。

任务三：更新查询

将 1983 年及以后参加工作的硕士的职称更改为副教授，并且将他们的工资上调 20%，所建查询命名为"更新查询"。

方法及步骤：

（1）打开 JXGL 数据库。

（2）启用安全警告中的宏操作（如果已经启用，可以跳过此步）。

（3）执行"创建"→"查询"→"查询设计"命令，弹出"显示表"对话框。将"教工"表添加到设计视图上方，并将"工作日期"、"学历"、"职称"及"工资"字段添加到设计视图下方的字段列表。

（4）执行"设计"→"查询类型"→"更新"命令，如图 1.5.8 所示。

图 1.5.8 创建更新查询

（5）将"工作日期"字段列的"条件"行设置为">=#1983-1-1#"，"学历"字段列的"条件"行设置为""硕士""，"职称"字段列的"更新到"行设置为""副教授""，"工资"字段列的"更新到"行设置为"[工资]*1.2"，如图 1.5.9 所示。

（5）执行"设计"→"结果"→"运行"命令，系统会提示用户确认正准备更新若干条记录，如图 1.5.10 所示。单击"是"按钮，完成更新查询操作。

图 1.5.9 更新查询设计

图 1.5.10 确认更新对话框

（6）单击快速访问工具栏中的"保存"按钮，保存查询，命名为"更新查询"，单击"确定"按钮。

任务四：追加查询

将成绩为 60～70 分的学生成绩添加到任务一建立的"成绩"表中。

方法及步骤：

（1）打开 JXGL 数据库。

（2）启用安全警告中的宏操作（如果已经启用，可以跳过此步）。

（3）执行"创建"→"查询"→"查询设计"命令，弹出"显示表"对话框。将"学生"表、"选修"表和"课程"表添加到设计视图上方，并将"学生"表中的"学号"和"姓名"字段，"课程"表中的"课名"字段，"选修"表中的"成绩"字段添加到设计视图下方的字段列表，将"成绩"字段列的"条件"行设置为"Between 60 And 70"。

（4）执行"设计"→"查询类型"→"追加"命令，如图 1.5.11 所示。

（5）弹出"追加"对话框，从"表名称"下拉列表中选择"成绩"表，选中"当前数据库"单选按钮，如图 1.5.12 所示。

图 1.5.11 创建追加查询

图 1.5.12 "追加"对话框

图 1.5.13　确认追加对话框

（6）执行"设计"→"结果"→"运行"命令，系统会提示用户确认正准备追加若干条记录，如图 1.5.13 所示。单击"是"按钮，完成追加查询操作。

（7）单击快速访问工具栏中的"保存"按钮，保存查询，命名为"追加查询"，单击"确定"按钮。

任务五：交叉表查询

使用查询设计器，根据前面任务一所建立的"成绩"表，建立交叉表查询，要求显示出学号、姓名、课名、成绩及每位学生的平均成绩（保留两位小数），按平均成绩降序排列。

方法及步骤：

（1）打开 JXGL 数据库。

（2）执行"创建"→"查询"→"查询设计"命令，弹出"显示表"对话框。将"成绩"表添加到设计视图上方，执行"设计"→"查询类型"→"交叉表"命令，如图 1.5.14 所示。

（3）将"学号"、"姓名"、"课名"和"成绩"字段添加到设计视图下方的字段列表，为了能显示平均成绩，再一次将"成绩"字段添加到字段列表，将"学号"和"姓名"字段列的"总计"行设置为"Group By"，"交叉表"行设置为"行标题"，将"课名"字段列的"总计"行设置为"Group By"，"交叉表"行设置为"列标题"，将第一个"成绩"字段列的"总计"行设置为"First"，"交叉表"行设置为"值"，将第二个"成绩"字段列的"总计"行设置为"平均值"，"交叉表"行设置为"行标题"，"排序行"设置为"降序"，并且将该列字段名设置为"平均成绩"，如图 1.5.15 所示。

图 1.5.14　创建交叉表查询

图 1.5.15　交叉表查询设计

（4）右击"平均成绩"列，在弹出的快捷菜单中执行"属性"命令，在"常规"选项卡中将"格式"设置为"固定"，小数位数设置为"2"，如图 1.5.16 所示。

（5）执行"设计"→"结果"→"运行"命令，查看结果，如图 1.5.17 所示。

常规	查询
说明	
格式	固定
小数位数	2
输入掩码	
标题	
智能标记	

图 1.5.16　字段属性设置

学号	姓名	C语言	计算机导论	离散数学	数据结构	平均成绩
11001	李小鹏	78	55	80	92	76.25
11002	王思	98	36			67
11003	欧阳文秀	35				35

图 1.5.17　交叉表查询运行结果

（6）单击快速访问工具栏中的"保存"按钮，保存查询，命名为"交叉表查询"，单击"确定"按钮。

任务六：SQL 查询

建立 SQL 语言，查询出身高大于男生平均身高的所有男生的学号与姓名信息。

方法及步骤：

（1）打开 JXGL 数据库。

（2）执行"创建"→"查询"→"查询设计"命令，关闭弹出的"显示表"对话框。执行"设

计"→"结果"→"视图"→"SQL 视图"命令，将设计视图切

换到 SQL 视图，如图 1.5.18 所示。

（3）在 SQL 视图中输入下列 SQL 语句：

select 学号,姓名 from 学生 where 身高>(select avg(身高) from

学生 where 性别='男') and 性别='男'

（4）执行"设计"→"结果"→"运行"命令，查看运行结果。

（5）单击快速访问工具栏中的"保存"按钮，保存查询为"SQL

查询"。

图 1.5.18 SQL 视图切换

任务七：子查询

建立查询，输出和学号为 11001 的学生同年出生的所有学生的学号、姓名和出生日期，并按出生日期从大到小排序。

方法及步骤：

（1）打开 JXGL 数据库。

（2）执行"创建"→"查询"→"查询设计"命令，弹出"显示表"对话框。将"学生"表添加到设计视图上方。

（3）将"学号"、"姓名"和"出生日期"字段添加到设计视图下方的字段列表，再一次将"出生日期"字段添加到字段列表，作为查询条件备用。

（4）将第二个"出生日期"字段列的第一行更改为"表达式 1：Year([出生日期])"，并在其"条件"行输入"=(select year([出生日期]) from 学生 where 学号='11001')"，取消选中其"显示"行的复选框，如图 1.5.19 所示。

（5）将第一个"出生日期"列的排序行设置为"降序"。

图 1.5.19 创建子查询设计

（6）执行"设计"→"结果"→"运行"命令，查看运行结果。

（7）单击快速访问工具栏中的"保存"按钮，保存查询为"学生子查询"。

练习

1．建立生成表查询，将职称为"助教"的教工信息查询出来并生成新表"青年教工"表。

2．将职称为"讲师"的教工追加到"青年教工"表。

3．删除学历为"专科"的教工信息。

4．将职称为"教授"的教工工资上调 20%。

5．创建交叉表查询，显示各院系各类职称的人数。

6．查询出职工号为"1981001"教工配偶的姓名、出生日期、职称、学历信息。

实验六　窗体的创建和数据处理

实验目的及要求

- 更好地认识窗体。
- 掌握不同类型的窗体创建方法。
- 学会用窗体的设计视图创建窗体。
- 学会用 Access 2013 提供的各种向导快速创建窗体。

准备工作

- 了解窗体创建的基础知识。
- 在 D 盘根目录下新建一个自己的文件夹，以自己的学号命名，用于存放实验作业；由于个人原因数据丢失，实验成绩按 0 分计。

实验任务、方法及步骤

任务一：使用窗体工具创建窗体

方法及步骤：
（1）在导航窗格中，单击"表"对象下的"学生"表。
（2）执行"创建"→"窗体"→"窗体"命令，结果如图 1.6.1 所示。

图 1.6.1　"学生"窗体

在图 1.6.1 中，显示出了"选课记录"信息，因为"学生"表与"选修"表具有一对多的关系。

任务二：使用分割窗体工具创建分割窗体

方法及步骤：

（1）在导航窗格中，单击"表"对象下的"教工"表，或者在数据表视图中打开该"教工"表。

（2）执行"创建"→"窗体"→"其他窗体"→"分割窗体"命令，结果如图 1.6.2 所示。

图 1.6.2 "教工"窗体

任务三：使用多项目工具创建显示多个记录的窗体

方法及步骤：

（1）在导航窗格中，单击"表"对象下的"部门"表。

（2）执行"创建"→"窗体"→"其他窗体"→"多个项目"命令，结果如图 1.6.3 所示。

图 1.6.3 "部门"窗体

任务四：使用窗体向导创建窗体

方法及步骤：

（1）执行"创建"→"窗体"→"其他窗体"→"窗体向导"命令，打开"窗体向导"，如图 1.6.4 所示。

（2）从"表/查询"下拉列表中选择"学生"表，并从"可用字段"列表中选择所有字段，结果如图 1.6.5 所示。

（3）单击"下一步"按钮，选择窗体使用的布局方式，这里保持默认选项，如图 1.6.6 所示。

图 1.6.4　窗体向导

图 1.6.5　选择字段

图 1.6.6　设置布局

（4）单击"下一步"按钮，为窗体指定标题，这里将标题输入为"学生窗体"，并选中"打开窗体查看或输入信息"单选按钮，如图 1.6.7 所示。

（5）单击"完成"按钮，结果如图 1.6.8 所示。

图 1.6.7　设置窗体标题

图 1.6.8　窗体效果

任务五：使用空白窗体工具创建窗体

方法及步骤：

（1）执行"创建"→"窗体"→"空白窗体"命令，结果如图 1.6.9 所示。

（2）在图 1.6.9 中右边的"字段列表"中，双击或用鼠标拖动"课程"下的"课号"、"课名"、"学分"字段到左边的"窗体 1"中，并保存为"课程"窗体，结果如图 1.6.10 所示。

（2）将窗体从布局视图切换到窗体视图查看窗体效果，结果如图 1.6.11 所示。

图 1.6.9　空白窗体

图 1.6.10　空白窗体字段添加　　　　　　　　　图 1.6.11　窗体效果

练习

1．创建一个基于"选修"表的窗体"选修成绩"，窗体中包括"选修"表中的所有字段；布局：纵栏表；样式：标准。

2．在"选修成绩"窗体上进行如下数据操作。

查找记录：从该窗体上查找有"成绩"不及格的学生信息。

修改记录数据：从该窗体中修改记录数据，将成绩为 80 分的，修改为 85 分。

实验七　设计窗体

实验目的及要求

- 掌握在设计视图下创建窗体的方法。
- 掌握控制窗体的布局和外观。
- 能够灵活地使用各种控件。
- 能够熟练地对窗体或控件的属性进行设置。

准备工作

- 了解窗体的设计视图和窗体设计视图的节。
- 在 D 盘根目录下新建一个自己的文件夹，以自己的学号命名，用于存放实验作业；由于个人原因数据丢失，实验成绩按 0 分计。

实验任务、方法及步骤

任务一：创建绑定型文本框控件

方法及步骤：

（1）在 JXDB 数据库窗口中，执行"创建"→"窗体"→"窗体设计"命令，打开窗体的设计视图，如图 1.7.1 所示。

（2）执行"设计"→"工具"→"属性表"命令，打开"属性表"窗口，单击"全部"选项卡，然后在下面的"记录源"中选择"教工"表，如图 1.7.2 所示。

图 1.7.1　窗体的设计视图

图 1.7.2　窗体属性

（3）单击快速访问工具栏中的"保存"按钮，弹出"另存为"对话框，在"窗体名称"文本框中输入"输入教师基本信息"，如图 1.7.3 所示，单击"确定"按钮。

（4）执行"设计"→"工具"→"添加现有字段"命令，如图 1.7.4 所示，打开"字段列表"窗口，可从现有字段列表中选取相应字段放置在窗体中。

图 1.7.3　"另存为"对话框

图 1.7.4　添加窗体可用字段列表

（5）在"字段列表"窗口中，双击"职工号"、"姓名"、"工作日期"3 个字段，并在设计视图中进行适当调整，结果如图 1.7.5 所示。

图 1.7.5　向窗体中放置字段

任务二：创建标签控件

方法及步骤：

（1）在图 1.7.6 的空白处右击，在弹出的快捷菜单中执行"窗体页眉/页脚"命令，在窗体的设计视图中添加页眉和页脚节。

图 1.7.6　添加页眉和页脚节

（2）执行"设计"→"控件"→"标签"命令，在窗体页眉的适当处添加一个标签控件，并输入"输入教师基本信息"，如图 1.7.7 和图 1.7.8 所示。

图 1.7.7　"控件"组

图 1.7.8　标签控件的使用

（3）单击快速访问工具栏中的"保存"按钮。

任务三：创建选项组控件

方法及步骤：

（1）确保"设计"→"控件"→"控件向导"按钮已按下，然后执行"控件"→"选项组"命令，打开"选项组向导"，如图 1.7.9 所示，并输入"男"和"女"。

（2）单击"下一步"按钮，将"男"设置为默认选项，如图 1.7.10 所示。

图 1.7.9　选项组向导

图 1.7.10　设置默认选项

（3）单击"下一步"按钮，将"男"的值设置为"0"，将"女"的值设置为"1"，如图 1.7.11 所示。

（4）单击"下一步"按钮，选中"在此字段中保存该值"单选按钮，并在右侧的组合框中选择"性别"字段，如图 1.7.12 所示。

图 1.7.11　为选项赋值

图 1.7.12　选择动作

（5）单击"下一步"按钮，选中"选项按钮"和"凹陷"单选按钮，如图 1.7.13 所示。

（6）单击"下一步"按钮，指定标题为"性别："，如图 1.7.14 所示。

图 1.7.13　选择控件和样式

图 1.7.14　指定标题

（7）单击"完成"按钮，并对添加的选项组进行调整，结果如图 1.7.15 所示。

图 1.7.15　选项组控件

任务四：创建绑定型组合框控件

方法及步骤：

（1）在图 1.7.15 所在的设计视图下，执行"设计"→"控件"→"组合框"命令，打开"组合框向导"，并选中"自行键入所需的值"单选按钮，如图 1.7.16 所示。

（2）单击"下一步"按钮，依次输入"大专"、"本科"、"硕士"、"博士"、"其他"，如图 1.7.17 所示。

图 1.7.16 组合框向导

图 1.7.17 设定列值

（3）单击"下一步"按钮，选中"将该数值保存在这个字段中"单选按钮，并从右边的组合框中选择"学历"字段，如图 1.7.18 所示。

（4）单击"下一步"按钮，指定组合框标签为"学历:"，如图 1.7.19 所示。

（5）单击"完成"按钮，单击快速访问工具栏中的"保存"按钮。

图 1.7.18 绑定字段

图 1.7.19 设定组合框的标签

任务五：创建绑定型列表框控件

方法及步骤：

（1）在图 1.7.19 所在的设计视图下，执行"设计"→"控件"→"列表框"命令，打开"列表框向导"，并选中"自行键入所需的值"单选按钮，如图 1.7.20 所示。

（2）单击"下一步"按钮，在"第 1 列"中依次输入"教授"、"副教授"、"讲师"、"助教"、"其他"，如图 1.7.21 所示。

（3）单击"下一步"按钮，选中"将该数值保存在这个字段中"单选按钮，并从右边的组合框中选择"职称"字段，如图 1.7.22 所示。

（4）单击"下一步"按钮，为列表框指定标签"职称:"，如图 1.7.23 所示。

（5）单击"完成"按钮，并进行适当调整，单击快速访问工具栏中的"保存"按钮。

图 1.7.20　列表框向导

图 1.7.21　设定列表框的列值

图 1.7.22　绑定列表框的字段

图 1.7.23　设定列表框的标签

任务六：创建命令按钮

方法及步骤：

（1）在图 1.7.23 所在的设计视图下，执行"设计"→"控件"→"按钮"命令，在窗体的窗体页脚节的合适位置单击，打开"命令按钮向导"，在"类别"列表中选择"记录导航"选项，在"操作"列表中选择"转至前一项记录"选项，如图 1.7.24 所示。

（2）单击"下一步"按钮，这里选中"文本"单选按钮，并输入"前一条记录"，如图 1.7.25 所示。

图 1.7.24　命令按钮向导

图 1.7.25　选择按钮显示的内容

（3）单击"下一步"按钮，输入按钮的名称，如图 1.7.26 所示。

（4）单击"完成"按钮，并进行适当调整。用同样的方法创建几个其他命令按钮，最后的效果如图 1.7.27 所示。

图 1.7.26 指定按钮的名称

图 1.7.27 最后的效果

练习

创建一个基于"部门"表和"学生"表的窗体，窗体包括"部门名"、"学号"、"姓名"、"性别"、"出生日期"字段，设置"通过部门名"来查看数据，以"窗体查询"为名保存窗体。

实验八　切换面板的设计和创建子窗体

实验目的及要求

- 掌握选项卡控件的使用。
- 掌握主/子窗体的创建方法。
- 能够使用"窗体向导"创建基于多个数据源的窗体。

准备工作

- 了解主子窗体的概念与设计方法。
- 在 D 盘根目录下新建一个自己的文件夹，以自己的学号命名，用于存放实验作业；由于个人原因数据丢失，实验成绩按 0 分计。

实验任务、方法及步骤

任务一：创建主/子窗体

以"学生"和"选修"表为数据源，创建主/子窗体。

方法及步骤：

（1）在 JXDB 数据库窗口中，执行"创建"→"窗体"→"窗体向导"命令，打开"窗体向导"。首先从"表/查询"下拉列表中选择"学生"表，并将其所有的字段移到"选定字段"列表中，然后从"表/查询"下拉列表中选择"选修"表，同样将其所有字段移动到"选定字段"中列表，如图 1.8.1 所示。

（2）单击"下一步"按钮，选择"通过学生"的查看数据方式，并选中"带有子窗体的窗体"单选按钮，如图 1.8.2 所示。

图 1.8.1   窗体向导

图 1.8.2   确定查看数据的方式

（3）单击"下一步"按钮，这里选中"数据表"单选按钮，如图 1.8.3 所示。

（4）单击"下一步"按钮，这里选择"地铁"的样式，如图 1.8.4 所示。

图 1.8.3   选择布局

图 1.8.4   选择样式

（5）单击"下一步"按钮，为窗体指定标题，这里就用默认的标题，并选中"打开窗体查看或输入信息"单选按钮，如图 1.8.5 所示。

（6）单击"完成"按钮。

图 1.8.5   指定标题

任务二：创建"学生统计信息"窗体

窗体含有两部分，一部分是"信息统计"，另一部分是"成绩统计"。

方法及步骤：

（1）在 JXDB 数据库窗口中，执行"创建"→"窗体"→"窗体设计"命令，确保"设计"→"控件"→"控件向导"按钮已按下。

（2）执行"设计"→"控件"→"选项卡"命令，在窗体上单击，并调整其位置和大小。结果如图 1.8.6 所示。

（3）在选项卡控件上右击，在弹出的快捷菜单中执行"属性"命令，打开"属性表"窗口，将"页1"的"标题"设置为"学生信息统计"，同理设置"页2"的"标题"为"学生成绩统计"。

（4）单击"学生信息统计"选项卡，执行"设计"→"控件"→"列表框"命令，打开"列表框向导"，并选中"使用列表框查阅表或查询中的值"单选按钮。

（5）单击"下一步"按钮，这里选择"学生"表。

（6）单击"下一步"按钮，选择所有字段。

（7）单击"下一步"按钮，选择"学号"的升序排序。

（8）单击"下一步"按钮，设置列表框列的宽度，这里用默认的值，单击"完成"按钮。

（9）同理对"学生成绩统计"选项卡进行设置，结果如图 1.8.7 所示。

图 1.8.6　选项卡

图 1.8.7　包含选项卡的窗体视图

练习

创建一个基于"教工"表和"教工工作量"表的窗体，窗体包括"姓名"、"工号"、"系别"、"性别"、"出生日期"字段，设置工号来查看数据。

实验九　窗体的高级操作*

 实验目的及要求

● 掌握窗体的属性设置。

● 能够插入日期。

● 会创建计算控件。
● 能够对窗体格式进行设置。

准备工作

● 弄清窗体设计的几种方法，掌握控件的用法。
● 在 D 盘根目录下新建一个自己的文件夹，以自己的学号命名，用于存放实验作业；由于个人原因数据丢失，实验成绩按 0 分计。

实验任务、方法及步骤

任务：创建"学生信息"窗体

创建一个"学生信息"窗体，并把"出生日期"改成"年龄"。

方法及步骤：

（1）通过设计视图新建一个窗体，打开该窗体的"属性表"窗口，单击"数据"选项卡，"记录源"选择"学生"表，如图 1.9.1 所示。

（2）调出窗体的页眉和页脚。

（3）执行"设计"→"工具"→"添加现有字段"命令，打开"字段列表"窗口，将"学号"、"姓名"、"出生日期"、和"院系"字段拖到窗体的主体上，将 4 个字段的标签移到窗体页眉上。

（4）将"出生日期"标签改成"年龄："。

（5）调出"出生日期"文本框控件的属性设置窗口，单击其"数据"选项卡，在"控件来源"属性框中输入公式"=Year(Now())-Year([出生日期])"。

（6）执行"设计"→"控件"→"文本框"命令，在窗体页脚部分插入两个文本框，其内部数据值分别输入"=Date()"和"=Time()"。

（7）设置后的结果如图 1.9.2 所示。

图 1.9.1　设置记录源

图 1.9.2　含计算控件的窗体设计

（8）通过"设计"下的"字体"组分别对窗体页眉中的 4 个标签进行"格式"设置。

练习

1．在"教师"窗体中添加"税前工资"文本框，利用计算控件计算出教师的税前工资值，并显示在添加的文本框里（"教师"表里包含"基本工资"、"奖金"、"保险金"字段）。

2．对"教师"窗体进行如下设置：将窗体页脚设置为 1.5 厘米，在距窗体页脚左边 5.5 厘米、距上边 0.4 厘米处依次放置两个命令按钮，命令按钮的宽度均为 2 厘米，功能分别是运行宏和退出，所运行的宏名为"打开表"，命令按钮上显示的文本分别为"打开表"和"退出"。

实验十　报表的创建

实验目的及要求

- 掌握报表的基本概念。
- 能够使用"报表向导"创建报表。
- 能够输入相关的记录源。
- 能够调整报表的版面格式等信息。

准备工作

- 了解报表创建的基本方法与概念。
- 在 D 盘根目录下新建一个自己的文件夹，以自己的学号命名，用于存放实验作业；由于个人原因数据丢失，实验成绩按 0 分计。

实验任务、方法及步骤

任务：创建"学生"报表

在 JXDB 数据库中，以"学生"表为基础，利用"报表向导"创建一个"学生"报表。

方法及步骤：

（1）打开 JXDB 数据库。

（2）执行"创建"→"报表"→"报表向导"命令，打开"报表向导"，选择"学生"表作为数据源，并选定所有字段，结果如图 1.10.1 所示。

图 1.10.1　报表向导

（3）单击"下一步"按钮，设置"院系"字段作为分组级别，结果如图 1.10.2 所示。

（4）单击"下一步"按钮，设置明细信息使用的排序次序和汇总信息，这里选择"学号"为"升序"，结果如图 1.10.3 所示。

（5）单击"下一步"按钮，确定布局和方向，这里设置为"纵栏表"和"横向"，结果如图 1.10.4 所示。

图 1.10.2　添加分组级别

图 1.10.3　确定排序次序和汇总信息

（6）单击"下一步"按钮，为报表指定标题，这里设置为"学生"，结果如图 1.10.5 所示，单击"完成"按钮即可完成报表的创建。

图 1.10.4　确定布局和方向

图 1.10.5　指定标题

练习

1．为 JXGL 数据库创建报表：创建基于"学生"表的报表"学生报表一"；创建基于"教工"表的报表"教工报表二"。

2．创建一个基于"教课"表的图表报表，以"学年度"为 X 坐标，"考核分"为 Y 坐标，创建一个描述各个学年度的考核分的图表形式的报表，以"统计考核成绩"命名新创建的图表报表。使用"图表向导"来创建报表。

实验十一 报表的设计

实验目的及要求

- 掌握使用设计视图创建报表的方法。
- 掌握报表页眉、报表页脚的创建设计方法。
- 掌握页面页眉、页面页脚的创建设计方法。
- 掌握报表属性的设置方法。
- 掌握报表工具箱中常用的控件的使用方法。

准备工作

- 掌握高级报表设计的一些技巧与概念。
- 在 D 盘根目录下新建一个自己的文件夹，以自己的学号命名，用于存放实验作业；由于个人原因数据丢失，实验成绩按 0 分计。

实验任务、方法及步骤

任务：使用设计视图创建一个"教工"报表

方法及步骤：

（1）打开 JXDB 数据库。

（2）执行"创建"→"报表"→"报表设计"命令，打开一个空白报表的设计视图，结果如图 1.11.1 所示。

图 1.11.1 空白报表的设计视图

（3）右击窗口左上角的报表选择器，在弹出的快捷菜单中执行"属性"命令，打开报表的"属性表"窗口，结果如图 1.11.2 所示。

（4）单击"记录源"下拉按钮，在弹出的下拉列表中选择"教工"表，结果如图 1.11.3 所示。

图 1.11.2 "属性表"窗口

图 1.11.3 选择"教工"表

（5）在主体选定器上右击，在弹出的快捷菜单中执行"报表页眉/页脚"命令，如图 1.11.4 所示。

图 1.11.4 快捷菜单

（6）执行"设计"→"控件"→"标签"命令，然后在报表页面页眉节中的合适地方用鼠标拖动出一个标签控件，并输入"教工表"，进行适当的格式调整，结果如图 1.11.5 所示。

（7）在主体节中放置 6 个文本框控件，并在"属性表"窗口中进行控件来源的设置，结果如图 1.11.6 所示。

图 1.11.5 "教工表"标签控件

图 1.11.6 文本框控件

（8）将主体节的 6 个文本框控件位置移到页面页眉节，然后调整各个控件的布局和大小、位置，修改报表页面页眉节和主体节的高度，结果如图 1.11.7 所示。

图 1.11.7 调整的结果

（9）单击快速访问工具栏中的"保存"按钮，并命名为"教工"报表。

练习

在 JXGL 数据库中创建基于多表的报表，创建一个基于"学生"表和"选修"表的分组报表，报表中要求包括"学号"、"姓名"、"课号"、"成绩"字段，要求在报表中按"学号"字段分组，并对每个学生的成绩求平均值，用打印预览查看生成的报表，然后以"学生成绩"作为报表的标题并以此命名报表。使用"报表向导"创建报表。

实验十二 主、子报表的建立

 实验目的及要求

- 理解主子报表的概念。
- 掌握创建子报表的方法。

- 理解主报表可以包含子报表，也可以包含子窗体。
- 掌握主报表最多可以包含子报表的级数。

准备工作

- 了解主子报表的概念与创建方法。
- 在 D 盘根目录下新建一个自己的文件夹，以自己的学号命名，用于存放实验作业；由于个人原因数据丢失，实验成绩按 0 分计。

实验任务、方法及步骤

任务：创建主、子报表

方法及步骤：

（1）利用前面叙述的报表创建方法首先创建基于"学生"表数据源的主报表，并进行布局，如图 1.12.1 所示，并在主体节下部为子报表的插入留出一定的空间。

图 1.12.1　主报表

（2）确保"设计"→"控件"→"控件向导"按钮已按下，执行"设计"→"控件"→"子窗体/子报表"命令，并在子报表的预留区选择一插入点单击，打开"子报表向导"，如图 1.12.2 所示，选中"使用现有的表和查询"单选按钮。（注意：要想完成这一步，必须先在前面建立好了选课查询）

（3）单击"下一步"按钮，这里选择"学生选课"查询作为数据源，并将该查询中的所有字段选定，如图 1.12.3 所示。

（4）单击"下一步"按钮，这里保留默认设置，如图 1.12.4 所示。

图 1.12.2　子报表向导

图 1.12.3　选择字段

（5）单击"下一步"按钮，为子报表输入名称"选课成绩 信息"，如图 1.12.5 所示。

（6）单击"完成"按钮，单击快速访问工具栏中的"保存"按钮，为主报表输入名称"学生信息表"。

图 1.12.4　确定链接方式

图 1.12.5　指定子报表的名称

练习

在 JXGL 数据库中创建基于"教工"表的报表，在报表的报表页眉节添加一个标签控件，其名称为"bTitle"，标题显示为"职工基本信息表"，添加一个计算控件，计算出教工的工龄。

实验十三　报表的高级操作*

实验目的及要求

● 掌握在报表中进行各种运算，并将结果显示出来的方法。

● 学会向报表中添加计算控件。

● 掌握报表的一些常用函数。

● 掌握报表的一些统计计算。

 准备工作

● 熟悉高级报表的一些技巧和高级报表创建的一些方法。
● 在 D 盘根目录下新建一个自己的文件夹，以自己的学号命名，用于存放实验作业；由于个人原因数据丢失，实验成绩按 0 分记。

 实验任务、方法及步骤

任务：创建一个学生选课成绩高级报表

方法及步骤：

（1）利用前面的方法，在报表设计视图下创建一个"学生选课成绩报表"报表，并将报表的记录源设置为"学生选课情况"查询，在主体节内拖放相应的字段，并将字段标题剪切到页面页眉节中，在"成绩"字段旁放置一个未绑定的文本框控件，如图 1.13.1 所示。

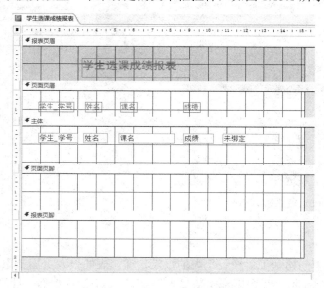

图 1.13.1　学生选课成绩报表

（2）打开该未绑定文本框的"属性表"窗口，单击"全部"选项卡，设置"控件来源"属性为"=IIf([成绩]>=60,"通过","不及格")"。

（3）在页面页脚节中，添加两个文本框，用来显示时间和页码，两个文本框控件的"控件来源"分别为"=Now()"和"=[Pages] & "页，第" & [Page] & "页""。

（4）在任意节上右击，在弹出的快捷菜单中执行"排序和分组"命令，并设置"学号"组，并设置无"组页眉"，只有"组页脚"，并在"组页脚"中添加一个文本框，"标题"为"平均成绩"，"控件来源"为"=Avg([成绩])"，设置结果如图 1.13.2 所示。

（5）打开报表如图 1.13.3 所示。

图 1.13.2　文本框控件设置效果

图 1.13.3　创建好的报表

练习

在 JXGL 数据库中创建一个基于"学生"表的报表，按照以下要求补充报表设计：在报表的报表页眉节添加一个标签控件，其名称为"bTitle"，标题显示为"学生信息表"；在报表的主体节添加一个文本框控件，显示"姓名"字段值，该控件放置在距上边 0.1 厘米，距左边 3.2 厘米处，并命名为"tName"；在报表的页面页脚节添加一个计算控件，使用函数显示出系统日期，计算控件放置在距上边 0.3 厘米，距左边 10.5 厘米处，并命名为"tDa"。

实验十四　宏和宏组的创建及其应用

实验目的及要求

- 利用前面学习的制作表、查询、窗体、报表、宏的技巧，开发完整的应用程序。
- 掌握系统开发的一般步骤和具体过程。
- 培养和提高开发综合性使用程序的能力。

准备工作

- 熟悉各个基本对象的创建方法与概念。
- 在 D 盘根目录下新建一个自己的文件夹，以自己的学号命名，用于存放实验作业；由于个人原因数据丢失，实验成绩按 0 分记。

实验任务、方法及步骤

任务一：设计宏（一）

设计一个宏，命名为"宏 1"，打开 JXDB 数据库中的"教工"窗体，要求只能查看男性教工的信息，并将其最大化，然后显示消息框，告诉用户"已成功打开窗体"，最后关闭当前窗体。最后，直接从数据库窗口运行"宏 1"。

方法及步骤：

（1）打开 JXDB 数据库，在数据库窗口中，执行"创建"→"宏与代码"→"宏"命令，然后单击"新建宏"按钮，打开"宏"窗口。

（2）在"宏"窗口的"添加新操作"组合框中输入"OpenForm"，或者在下拉列表中选择"OpenForm"选项。确定后，在宏参数设置窗口中，设置"窗体名称"为"教工"，"视图"为"窗体"，"筛选名称"为"打开教工窗体"，"当条件"为"[教工]![性别] = '男'"，注意单引号必须是英文状态下的字符，"数据模式"为"只读"，"窗口模式"为"普通"，结果如图 1.14.1 所示。

图 1.14.1　OpenForm 的设置

（3）再添加一个命令，输入"MaximizeWindow"，结果如图 1.14.2 所示。

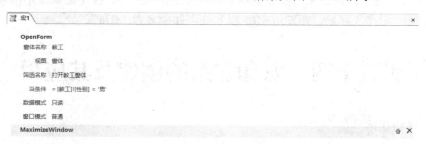

图 1.14.2　添加命令后的结果

（4）单击快速访问工具栏中的"保存"按钮，在弹出的"另存为"对话框中输入"宏 1"，单击"确定"按钮。

（5）执行"设计"→"工具"→"运行"命令。

任务二：设计宏（二）

设计一个宏，命名为"宏 2"，打开"课程"表，并查找"课时"等于 36 的第一条记录。

方法及步骤：

（1）打开 JXDB 数据库，在数据库窗口中，执行"创建"→"宏与代码"→"宏"命令，然后单击"新建宏"按钮，打开"宏"窗口。

（2）在"宏"窗口的"添加新操作"组合框中输入"OpenTable"，或者在下拉列表中选择"OpenTable"选项。确定后，在宏参数设置窗口中，在"表名称"下拉列表中选择"课程"选项；在"视图"下拉列表中选择"数据表"选项；在"数据模式"下拉列表中选择"编辑"选项，如图 1.14.3 所示。

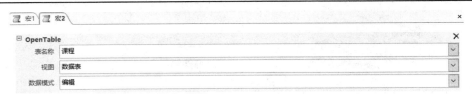

图 1.14.3 OpenTable 的设置

（3）再添加一个命令，输入"GoToControl"。在"控件名称"属性框中输入"课时"，如图 1.14.4 所示。

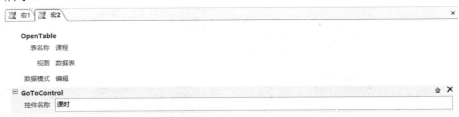

图 1.14.4 GoToControl 的设置

（4）再添加一个命令，输入"FindRecord"。在"查找内容"属性框中输入"36"，其他属性保持默认值不变，如图 1.14.5 所示。

图 1.14.5 FindRecord 的设置

（5）单击快速访问工具栏中的"保存"按钮，在弹出的"另存为"对话框中输入"宏 2"，单击"确定"按钮。

（6）执行"设计"→"工具"→"运行"命令。

任务三：设计宏组

设计一个宏组，命名为"宏 3"，在该宏组中包含两个宏，分别命名为"打开报表"和"打开查询"。在"打开报表"宏中打开"学生选课成绩报表"报表，并将其最大化。在"打开查询"宏中打开"学生"查询，并将其最大化。新建一个窗体"窗体 1"，在"窗体 1"上添加两个按钮，分别为"打开报表"按钮和"打开查询"按钮，如图 1.14.6 所示。在"打开报表"按钮的"单击"事件中运行"宏 3"中的"打开报表"宏，在"打开查询"按钮的"单击"事件中运行"宏 3"中的"打开查询"宏。

图 1.14.6　窗体 1

方法及步骤：

（1）建立宏组，具体操作如下。

① 打开 JXDB 数据库，在数据库窗口中，依次建立两个宏"打开报表"和"打开查询"，设置如图 1.14.7 和图 1.14.8 所示。

图 1.14.7　"打开报表"宏的设置

图 1.14.8　"打开查询"宏的设置

② 建立"宏 3"，然后在左边对象浏览界面中选择宏，如图 1.14.9 所示。

图 1.14.9 选择宏

③ 将"打开报表"和"打开查询"宏拖动到"宏 3"中，如图 1.14.10 所示。

图 1.14.10 宏 3

④ 依次选择"打开报表"、"打开查询"宏，右击，在弹出的快捷菜单中执行"生成子宏程序块"命令，在子宏中依次输入"打开报表"、"打开查询"，结果如图 1.14.11 所示。

图 1.14.11 子宏的设置

（2）建立窗体，并将窗体和宏组关联起来，具体操作如下。

① 在数据库窗口中，执行"创建"→"窗体"→"窗体设计"命令，打开窗体的设计视图。

② 在窗体上添加两个按钮，分别为"打开报表"按钮和"打开查询"按钮。

③ 单击"打开报表"按钮，选中它，执行"设计"→"工具"→"属性表"命令，打开"属性表"窗口，单击"事件"选项卡，单击"单击"属性行的下拉按钮，在弹出的下拉列表中选择"宏 3.打开报表"选项，如图 1.14.12 所示。

④ 关闭"属性表"窗口。

图 1.14.12 "打开报表"按钮"单击"事件属性设置

⑤ 单击"打开查询"按钮，选中它，执行"设计"→"工具"→"属性表"命令，打开"属性表"窗口，单击"事件"选项卡，单击"单击"属性行的下拉按钮，在弹出的下拉列表中选择"宏 3. 打开查询"选项，如图 1.14.13 所示。

⑥ 关闭"属性表"窗口。

图 1.14.13 "打开查询"按钮"单击"事件属性设置

⑦ 单击快速访问工具栏中的"保存"按钮，在弹出的"另存为"对话框中输入"窗体 1"，单击"确定"按钮。

（3）在窗体中运行宏组中的宏，具体操作如下。

① 在数据库窗口双击"窗体 1"，运行该窗体。

② 当窗体处于运行状态下，单击"打开报表"按钮，运行"宏 3"中的"打开报表"宏。

③ 当窗体处于运行状态下，单击"打开查询"按钮，运行"宏 3"中的"打开查询"宏。

任务四：利用宏新建窗体

新建一个窗体"学生成绩"，在该窗体上放置 4 个文本框控件，分别用来显示学号、姓名、课号及成绩，添加一个"学生是否及格"按钮控件，如图 1.14.14 所示。当单击"学生是否及格"

按钮时，若成绩小于 60 分则显示不及格对话框，否则显示及格对话框。以上功能都使用宏来完成，将该宏命名为"宏 4"。

图 1.14.14 "学生成绩"窗体

方法及步骤：

（1）第一步，建立窗体，具体操作如下。

① 在数据库窗口中，执行"创建"→"窗体"→"窗体设计"命令，打开窗体的设计视图。

② 分别创建用来显示学号、姓名、课号及成绩的文本框控件，添加一个"学生是否及格"按钮控件。

③ 单击快速访问工具栏中的"保存"按钮，在弹出的"另存为"对话框中输入"学生成绩"，单击"确定"按钮。

④ 关闭窗体的设计视图。

（2）第二步，建立条件宏，具体操作如下。

① 打开 JXDB 数据库，在数据库窗口中，执行"创建"→"宏与代码"→"宏"命令，然后单击"新建宏"按钮，打开"宏"窗口。

② 添加第一个命令，输入"MessageBox"，在"消息"属性框中输入"及格"，其他选择默认。然后右击，在弹出的快捷菜单中执行"生成 If 程序块"命令，在"If"属性框中输入"Forms![学生成绩]![成绩] >=60"，结果如图 1.14.15 所示。

图 1.14.15 MessageBox 的设置

　　单击右边的"添加 Else"超链接，在"添加新操作"组合框中输入"MessageBox"，在"消息"属性框中输入"不及格"，其他的属性默认，结果如图 1.14.16 所示。

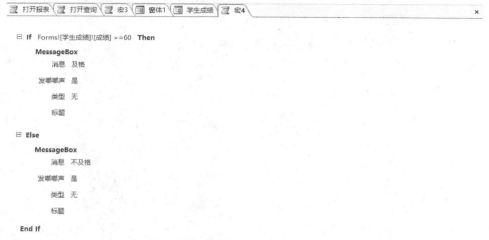

图 1.14.16 "宏 3"条件属性的设置

　　③ 单击快速访问工具栏中的"保存"按钮，在弹出的"另存为"对话框中输入"宏 4"，单击"确定"按钮。

　　④ 关闭"宏"窗口。

　　（3）第三步，将窗体和宏关联起来，具体操作如下。

　　① 在数据窗口中打开"学生成绩"窗体的设计视图。

　　② 选中"学生是否及格"按钮，执行"设计"→"工具"→"属性表"命令，打开"属性表"窗口，单击"事件"选项卡。单击"单击"属性行的下拉按钮，在弹出的下拉列表中选择"宏 4"选项，如图 1.14.17 所示。

图 1.14.17 "学生是否及格"按钮"单击"事件属性设置

　　③ 关闭"属性表"窗口，单击快速访问工具栏中的"保存"按钮，保存对"学生成绩"的修改，关闭"学生成绩"窗体的设计视图。

　　（4）第四步，在窗体中运行宏，具体操作如下。

　　① 在数据库窗口中，双击"学生成绩"窗体，使窗体处在运行状态。

　　② 单击"学生是否及格"按钮，则会调用"宏 4"，从而根据学生成绩显示相应的对话框。

练习

1. 为 JXDB 数据库创建一个简单宏，用于打开"学生"窗体，要求只显示院系为"计算机系"的学生的信息，并将其最大化。将该宏命名为"打开窗体"。

2. 为 JXDB 数据库创建一个宏组，其中包括两个宏："查看学生"宏和"查看教工"宏，分别用于打开"学生"表和"教工"表。

3. 为 JXDB 数据库创建一个条件宏，弹出提示退出 Access 的对话框，根据用户输入的结果，执行是否退出 Access 的提示操作。

提示：在"条件"列中输入表达式"MsgBox（"确定退出 Access 吗？"，1）=1"。

实验十五 SharePoint 网站的使用

实验目的及要求

- 理解 SharePoint 网站的基本概念和工作原理。
- 掌握创建 SharePoint 列表的方法。
- 掌握 SharePoint 列表的导入、导出操作。

准备工作

- 已准备一台服务器，并安装好 SharePoint Services 服务，客户机可以远程合法登录服务器，并使用其提供的相关服务。
- 在 D 盘根目录下新建一个自己的文件夹，以自己的学号命名，用于存放实验作业；由于个人原因数据丢失，实验成绩按 0 分记。

实验任务、方法及步骤

任务一：创建 SharePoint 列表

创建一个名为"SharePoint 列表"的 SharePoint 列表，并设定列名，结果如图 1.15.1 所示。

ID	标题	姓名	年龄	附件
1	学生1	张三	18	(0)
2	学生2	李四	19	(0)
（新建）				(0)

图 1.15.1 SharePoint 列表

方法及步骤：

（1）打开 JXDB 数据库，在数据库窗口中，执行"创建"→"表格"→"SharePoint 列表"→"自定义"命令，如图 1.15.2 所示。

（2）弹出"创建新列表"对话框，如图 1.15.3 所示，指定 SharePoint 网站，一定要是授权可访问的 SharePoint 网站，并指定新创建列表名称和说明信息，单击"确定"按钮。

图 1.15.2 "SharePoint 列表"下拉列表

图 1.15.3 "创建新列表"对话框

图 1.15.4 "SharePoint 列表"数据表视图

（3）在 Access 对象列表中，会出现刚创建的"SharePoint 列表"和"用户信息列表"，并且可以看到"SharePoint 列表"的数据表视图，如图 1.15.4 所示。

（4）设置列表字段信息。右击 Access 对象列表中的"SharePoint 列表"，在弹出的快捷菜单中执行"SharePoint 列表选项"→"修改列和设置"命令，进行列字段的修改操作，如图 1.15.5 所示。

（5）弹出授权登录密码对话框，如图 1.15.6 所示，输入服务器密码，进入远程设置列表页面，如图 1.15.7 所示。

图 1.15.5 进行列字段的修改操作

图 1.15.6 登录服务器密码对话框

（6）单击页面上的"创建栏"超链接，进行新栏（列、字段）的创建，如图 1.15.8 所示。

（7）在"栏名"文本框中输入"姓名"，单击"确定"按钮，即可创建"姓名"字段，同理可创建"年龄"字段，退出设置页面。

（8）右击 Access 对象列表中的"SharePoint 列表"，在弹出的快捷菜单中执行"SharePoint 列表选项"→"刷新列表"命令，如图 1.15.5 所示，会发现所创建列表中的字段信息改变与任务一致。

图 1.15.7　SharePoint 列表栏设置页面

图 1.15.8　SharePoint 列表添加栏页面

任务二：将"学生"表导出到 SharePoint 网站数据库

方法及步骤：

（1）打开 JXDB 数据库，打开"学生"表。

（2）在数据库窗口中，执行"外部数据"→"导出"→"SharePoint 列表"命令，如图 1.15.9 所示。

（3）弹出"导出-SharePoint 网站"对话框，如图 1.15.10 所示，单击"确定"按钮。

图 1.15.9　导出到 SharePoint 网站

（4）在输入网站密码对话框中输入登录密码之后，会进入"学生"表信息页面，如图1.15.11所示，说明导出成功。

图1.15.10 "导出-SharePoint 网站"对话框

图1.15.11 导出"学生"表的管理页面

任务三：将"学生"表导出到 JXDB 数据库中

将刚导出到 SharePoint 网站数据库的"学生"表导出到 JXDB 数据库中，命名为"新学生"表。

方法及步骤：

（1）打开 JXDB 数据库，打开"学生"表。

（2）在数据库窗口中，执行"外部数据"→"导入并链接"→"其他"→"SharePoint 列表"命令，如图1.15.12所示。

图1.15.12 从 SharePoint 网站导入

（3）弹出"获取外部数据-SharePoint 网站"对话框，可根据需要决定是导入还是链接到本地数据库，如图 1.15.13 所示，单击"下一步"按钮。

图 1.15.13 获取外部数据-SharePoint 网站（一）

（4）确定后在对象列表中选择刚才建立的 SharePoint 列表对象，右击，在弹出的快捷菜单中执行"导入"→"数据库"命令，打开 JXDB 数据库，选择"学生"表，如图 1.15.14 所示，单击"确定"按钮。

图 1.15.14 获取外部数据-SharePoint 网站（二）

（5）在 Access 对象列表中，会发现多了一个 SharePoint 列表对象："学生 1"，重命名该表即完成任务三的要求。

实验十六   VBA 程序的创建和运行

实验目的及要求

- 熟悉 VBE 环境，达到熟练使用的目的。
- 掌握 VBA 程序模块的建立、编辑和运行方法。
- 熟悉模块的分类和组成。
- 掌握模块中子过程的创建方法。
- 掌握模块中函数的创建方法。
- 熟悉变量的数据类型。

准备工作

- 基本了解 Access 应用软件，掌握数据库相关理论基础知识。
- 在 D 盘根目录下新建一个自己的文件夹，以自己的学号命名，用于存放实验作业。

实验任务、方法及步骤

任务一：创建模块

在 JXDB 数据库中创建一个新模块，命名为"模块 1"，并在该模块对象中输入以下代码，执行该模块，观察其运行结果。

```
Private Sub Firstprograme()
    Dim str1 As String
    str1= "这是我第一个 VBA 程序！"
    MsgBox str1
End Sub
```

方法及步骤：

（1）在数据库窗口中执行"创建"→"宏与代码"→"模块"命令，如图 1.16.1 所示，打开一个 VBE 窗口，如图 1.16.2 所示。

（2）在代码窗口中输入代码。

（3）代码输入完成后，将光标定位于刚刚输入的代码中的任意位置，然后执行"运行"→"运行子过程/用户窗体"命令，或按快捷键【F5】，如图 1.16.3 所示，运行此程序。

（4）程序运行成功后，如图 1.16.4 所示。

（5）单击"确定"按钮。关闭程序。

（6）在数据库窗口中执行"文件"→"保存"命令，在弹出的对话框中的"模块名称"文本框中输入"模块 1"，将该程序模块命名为"模块 1"。

图 1.16.1 "创建"选项卡

图 1.16.2 "模块 1"代码编写窗口

图 1.16.3 "模块 1"编写完成后的窗口

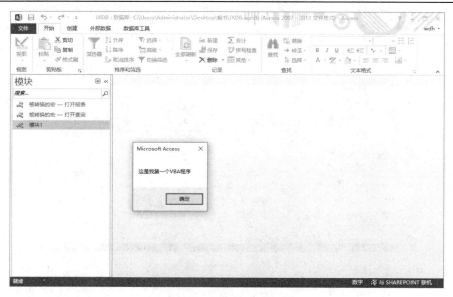

图 1.16.4 "模块 1"运行后窗口

任务二：插入模块

在 JXDB 数据库中插入一个模块，命名为"模块 2"，要求该程序弹出输入框，提示用户输入姓名，并根据相应输入的姓名输出字符串："祝贺你××同学，你第二个程序完成了。"

方法及步骤：

（1）执行"插入"→"模块"命令，如图 1.16.5 所示，打开如图 1.16.6 所示的窗口。

图 1.16.5 执行"插入"→"模块"命令

（2）在"模块 2"的代码编写窗口中输入如下代码，如图 1.16.7 所示。

```
Private Sub secondprorame()
    Dim str1 As String
    str1=InputBox("请输入你的姓名！")
```

```
MsgBox "祝贺" & str1 & "同学,你第二个程序完成了!"
End Sub
```

图 1.16.6 "模块 2"代码编写窗口

图 1.16.7 "模块 2"编写完成后的窗口

（3）将光标定位于刚刚输入的代码中的任意位置，然后执行"运行"→"运行子过程/用户窗体"命令，或按快捷键【F5】，运行此程序。

（4）程序运行后，在弹出的输入框中输入相应姓名，如图 1.16.8 所示。

（5）单击"确定"按钮，弹出如图 1.16.9 所示的提示信息。

图 1.16.8 "模块 2"运行后的姓名输入框

图 1.16.9 "模块 2"运行成功提示信息

（6）单击"确定"按钮。关闭程序。

（7）执行"文件"→"保存"命令，在弹出的对话框中的"模块名称"文本框中输入"模块2"，将该程序模块命名为"模块2"。

任务三：模块分类

创建一个新的"模块3"，在该模块中提示用户输入圆的半径，并根据用户输入的值，调用理论教材中给出的圆的面积求解函数 Area( )，完成相应的计算。

函数 Area( )的代码如下：

```
Function Area(R As Single) As Single
    If R<=0 Then
        MsgBox "圆的半径必须是正数值！",vbCritical,"提示信息"
        Area=0
        Exit Function
    End If
    Area=3.14*R*R
End Function
```

方法及步骤：

（1）执行"插入"→"模块"命令，打开如图 1.16.10 所示的窗口。

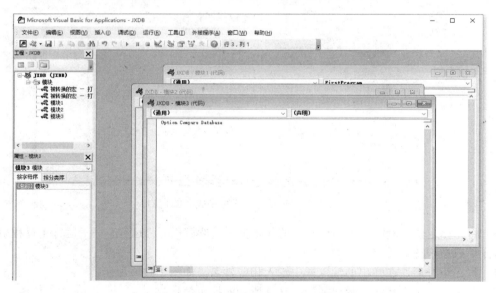

图 1.16.10 "模块 3"代码编写窗口

（2）执行"插入"→"过程"命令，如图 1.16.11 所示，打开如图 1.16.12 所示的"添加过程"窗口。

（3）在"添加过程"窗口中的"名称"文本框中输入"Area"，在"类型"选项组中选中"函数"单选按钮，在"范围"选项组中选中"公共的"单选按钮，如图 1.16.13 所示。

（4）输入完成后单击"确定"按钮。"模块 3"的代码窗口如图 1.16.14 所示。

图 1.16.11　执行"插入"→"过程"命令

图 1.16.12　"添加过程"窗口

图 1.16.13　参数设置

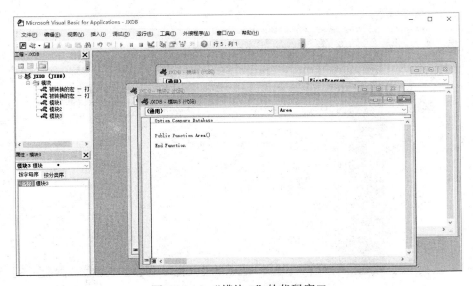

图 1.16.14　"模块 3"的代码窗口

（5）在"模块 3"代码窗口中将 Area( )函数的代码补充完整，如图 1.16.15 所示。

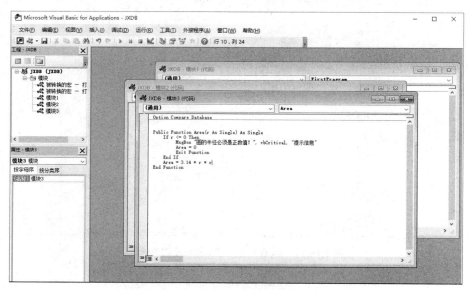

图 1.16.15　补充代码

（6）继续完善"模块 3"的代码。在代码区 Area( )程序下面输入如下代码，完成后如图 1.16.16 所示。

```
Public Sub Thirdprograme()
    Dim r1 As Single
    Dim s As Single
    r1=CSng(InputBox("请输入圆的半径"))
    s=Area(r1)
    MsgBox s
End Sub
```

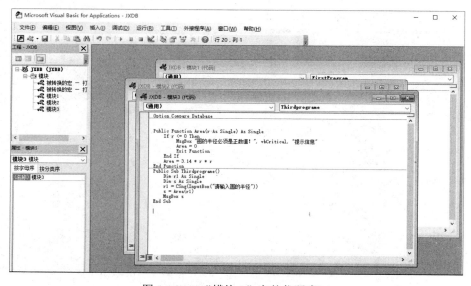

图 1.16.16　"模块 3"完整代码窗口

（7）将光标定位于 Thirdprogame( )程序内部，按快捷键【F5】，运行此程序，打开如图 1.16.17 所示的窗口。

（8）输入圆的半径，如测试数据"5"，然后单击"确定"按钮。

（9）运行结果如图 1.16.18 所示。

图 1.16.17 "模块 3"运行输入提示窗口   图 1.16.18 "模块 3"运行结果输出窗口

（10）执行"文件"→"保存"命令，在弹出的对话框中的"模块名称"文本框中输入"模块3"，将该程序模块命名为"模块 3"。

任务四：模块运行

利用"单步执行"的方法运行以下程序，观察程序运行的结果。程序代码如下：

```
Public Sub add(ByVal a As Integer, ByRef b As Integer)
    a=a+2
    b=b+2
    MsgBox "ADD 函数中，a 的值为" & a & "，b 的值为" & b & "。"
End Sub
Public Sub test()
    Dim a, b As Integer
    a=1
    b=1
    MsgBox "调用 ADD 函数前，a 的值为" & a & "，b 的值为" & b & "。"
    Call add(a, b)
    MsgBox "调用 ADD 函数后，a 的值为" & a & "，b 的值为" & b & "。"
End Sub
```

方法及步骤：

（1）执行"插入"→"模块"命令，打开"模块 4"的代码编写窗口。

（2）在代码编写窗口中输入代码程序，如图 1.16.19 所示。

图 1.16.19 "模块 4"代码编写窗口

（3）将光标定位于 test( )程序内部，执行"调试"→"逐语句"命令，如图 1.16.20 所示，或按快捷键【F8】。

图 1.16.20　"调试"菜单命令

（4）当黄色箭头光标移动到下一行时，再次按快捷键【F8】，直至程序运行结束，程序运行结果如图 1.16.21～1.16.24 所示。

图 1.16.21　调试运行过程 1

图 1.16.22　调试运行过程 2

图 1.16.23　调试运行过程 3

图 1.16.24　调试运行过程 4

（5）执行"文件"→"保存"命令，保存程序，将模块命名为"模块4"。

练习

1．模块的创建。
2．模块的运行。

实验十七 VBA 编程语言的基本语法及设计方法

 实验目的及要求

● 熟悉 VBA 编程语言的基本语法及设计方法。
● 掌握条件结构程序设计的方法。
● 掌握 If 判断语句的使用方法。
● 掌握 Select…Case…语句的使用方法。
● 掌握循环结构程序设计的思想。
● 掌握 For…Next 语句的使用方法。
● 掌握 Do While…Loop、Do Until…Loop 语句的使用方法。
● 掌握数组的使用方法。

 准备工作

● 基本了解 Access 应用软件，掌握数据库相关理论基础知识。
● 在 D 盘根目录下新建一个自己的文件夹，以自己的学号命名，用于存放实验作业。

 实验任务、方法及步骤

任务一：If…ElseIf…End If 条件判断结构

编写程序，完成以下功能，提示用户输入学生成绩，在用户输入后，根据用户输入的数据进行判断，如果学生的成绩大于等于 90 分，弹出信息提示框，显示"成绩优秀，你太棒了！"；如果学生的成绩在 80～90 分，弹出信息提示框，显示"成绩良好，还要努力哦！"；如果学生的成绩在 60～80 分，弹出信息提示框，显示"成绩及格，通过考试！"；如果学生的成绩低于 60 分，弹出信息提示框，显示"真不幸，你要参加补考了！"；否则，提示用户"成绩数据错误，请输入 0 到 100 之间的正整数"。要求用 If…Then…Else…嵌套结构的判断语句实现。

方法及步骤：

（1）打开 JXDB 数据库，在数据库窗口的"信任中心"菜单中，若出现安全警告，禁用了某些内容，单击"选项"按钮，在弹出的"禁用宏"对话框中，选中"启用此内容"单选按钮。

（2）在数据库窗口中执行"创建"→"宏与代码"→"模块"命令，打开一个 VBE 编程窗口，如图 1.17.1 所示。

图 1.17.1　代码编写窗口

（3）在代码编写窗口中输入如下代码，如图 1.17.2 所示。

```
Public Sub Grade1()
    Dim score As Integer
    score=CInt(InputBox("请输入学生的成绩："))
    If score >=0 And score <=100 Then
      If score >=90 Then
        MsgBox "成绩优秀，你太棒了！"
      ElseIf score >=80 Then
        MsgBox "成绩良好，还要努力哦！"
      ElseIf score >=60 Then
        MsgBox "成绩及格，通过考试！"
      Else
        MsgBox "真不幸，你要参加补考了！"
      End If
    Else
      MsgBox "成绩数据错误，请输入 0 到 100 之间的正整数！"
    End If
End Sub
```

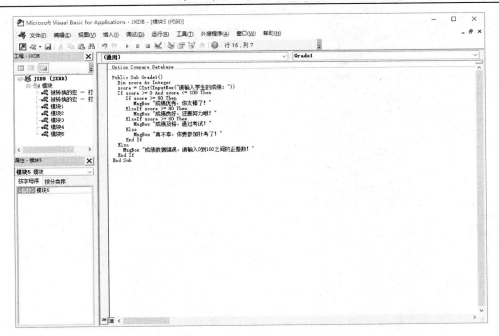

图 1.17.2 "模块 5"代码输入完成窗口

（4）按快捷键【F5】运行程序。
（5）单击快速访问工具栏中的"保存"按钮保存程序，将模块命名为"模块 5"。

任务二：Select…Case…语句的使用方法

要求在任务一的基础上进行修改，要求用 Select…Case…多分支结构语句实现相同功能。
方法及步骤：
（1）执行"插入"→"模块"命令，打开"模块 6"的代码编写窗口。
（2）在代码编写窗口中输入如下代码，如图 1.17.3 所示。

```
Public Sub Grade2()
  Dim score As Integer
  score=CInt(InputBox("请输入学生的成绩："))
  Select Case score
    Case 90 To 100
        MsgBox "成绩优秀，你太棒了！"
    Case Is >=80
        MsgBox "成绩良好，还要努力哦！"
    Case Is >=60
        MsgBox "成绩及格，通过考试！"
    Case 0 To 59
        MsgBox "真不幸，你要参加补考了！"
    Case Else
        MsgBox "成绩数据错误，请输入 0 到 100 之间的正整数！"
```

```
        End Select
    End Sub
```

图 1.17.3　"模块 6"代码输入完成窗口

（3）按快捷键【F5】运行程序。

（4）单击快速访问工具栏中的"保存"按钮保存程序，将模块命名为"模块 6"。

任务三：For…Next 循环结构

在 JXDB 数据库中，创建"求和"模块，计算 1～10 的所有奇数的和。要求采用 For…Next 循环语句实现。计算结果用消息框显示。

方法及步骤：

（1）执行"插入"→"模块"命令，打开"模块 7"的代码编写窗口。

（2）在代码编写窗口中输入如下代码，如图 1.17.4 所示。

```
    Public Sub Sum1()
      Dim s As Integer
      Dim i As Integer
      s=0
      For i=1 To 10 Step 2
        s=s+i
      Next
      MsgBox s
    End Sub
```

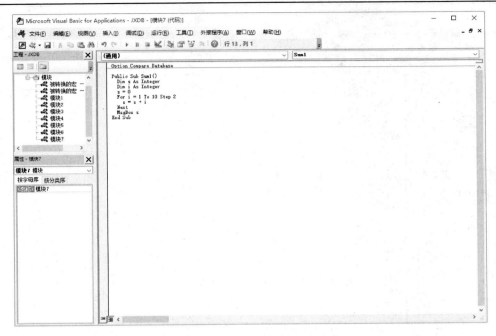

图 1.17.4 "模块 7"代码输入完成窗口

（3）按快捷键【F5】运行程序。

（4）单击快速访问工具栏中的"保存"按钮保存程序，将模块命名为"模块 7"。

任务四：Do While…Loop 循环结构

要求在任务三的基础上进行修改，要求用 Do While…Loop 循环结构语句实现相同功能。

方法及步骤：

（1）执行"插入"→"模块"命令，打开"模块 8"的代码编写窗口。

（2）在代码编写窗口中输入如下代码，如图 1.17.5 所示。

```
Public Sub Sum2()
  Dim s As Integer
  Dim i As Integer
  s=0
  i=1
  Do While i<=10
    s=s+i
    i=i+2
  Loop
  MsgBox s
End Sub
```

（3）按快捷键【F5】运行程序。

（4）单击快速访问工具栏中的"保存"按钮保存程序，将模块命名为"模块 8"。

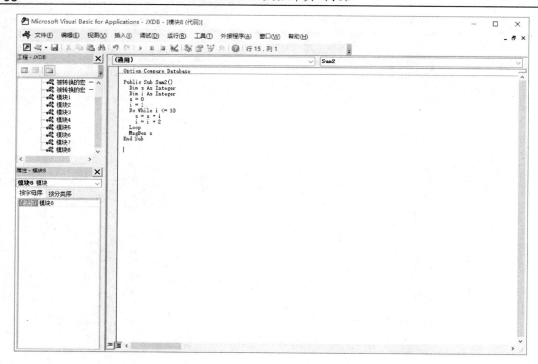

图 1.17.5 "模块 8"代码输入完成窗口

任务五：Do Until…Loop 循环结构

要求任务三的基础上进行修改，要求用 Do Until…Loop 循环结构语句实现相同功能。

方法及步骤：

（1）执行"插入"→"模块"命令，打开"模块 9"的代码编写窗口。

（2）在代码编写窗口中输入如下代码，如图 1.17.6 所示。

```
Public Sub Sum3()
  Dim s As Integer
  Dim i As Integer
  s=0
  i=1
  Do Until i>10
    s=s+i
    i=i+2
  Loop
  MsgBox s
End Sub
```

（3）按快捷键【F5】运行程序。

（4）单击快速访问工具栏中的"保存"按钮保存程序，将模块命名为"模块 9"。

图 1.17.6 "模块 9"代码输入完成窗口

实验十八　　数组的应用*

实验目的及要求

掌握数组类型变量的使用方法。

准备工作

● 基本了解 Access 应用软件，掌握数据库相关理论基础知识。
● 在 D 盘根目录下新建一个自己的文件夹，以自己的学号命名，用于存放实验作业。

实验任务、方法及步骤

任务：数组的使用

在 JXDB 数据库中，创建"排序"模块，要求完成以下功能：弹出提示对话框，要求用户输入 5 个数，用户输入完成后，对这 5 个数进行从大到小的排序，并将排序后的结果用消息框显示，每个数之间用逗号隔开。

方法及步骤：

（1）打开"JXDB"数据库，在数据库窗口的"信任中心"菜单中，若出现安全警告，禁用了某些内容，单击"选项"按钮，在弹出的"禁用宏"对话框中，选中"启用此内容"单选按钮。

（2）在数据库窗口中执行"创建"→"宏与代码"→"模块"命令，打开一个 VBE 编程窗口。

（3）在代码编写窗口中输入如下代码，如图 1.18.1 所示。

```vb
Public Sub Sort()
    Dim i, j As Integer
    Dim temp As Single
    Dim data(1 To 5) As Single
    Dim str As String
    For i=1 To 5
        data(i)=InputBox("请输入第" & i & "个数据：", "排序数据")
    Next i
    For i=1 To 4
        min=i
        For j=i+1 To 5
            If data(j) < data(min) Then
                min=j
            End If
            If i <> min Then
                temp=data(min)
                data(min)=data(i)
                data(i)=temp
            End If
        Next j
    Next i
    str="排序后的结果为："
    For i=1 To 4
        str=str & CStr(data(i)) & ","
    Next
    str=str & CStr(data(5))
    MsgBox str
End Sub
```

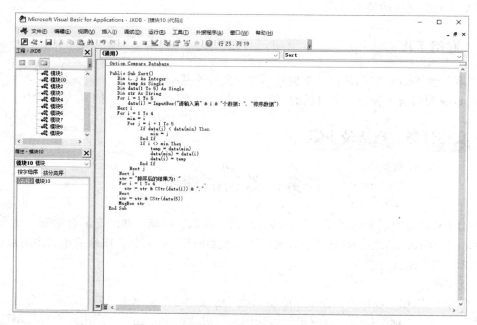

图 1.18.1　"模块 10" 代码输入完成窗口

（4）按快捷键【F5】运行程序。

（5）单击快速访问工具栏中的"保存"按钮保存程序，将模块命名为"模块10"。

练习

1．利用 Access 数组设计一段对数组排序的程序。

2．利用 Access 数组，设计一段程序求数组的均值和总和。

实验十九　VBA 常用对象属性和事件

实验目的及要求

● 掌握 VBA 的对象模型的概念。

● 掌握 VBA 中修改对象属性的方法。

● 掌握 DoCmd 对象的使用方法。

● 熟悉 VBA 中的常见事件及其处理方法。

准备工作

● 基本了解 Access 应用软件，掌握数据库相关理论基础知识。

● 在 D 盘根目录下新建一个自己的文件夹，以自己的学号命名，用于存放实验作业。

实验任务、方法及步骤

任务一：修改常用对象的属性

在 JXDB 数据库中，首先创建一个"VBA 编程实验窗体1"窗体，在这个窗体上绘制一个"标签"控件"Label0"，使该标签显示字符串"修改 VBA 常用对象属性实验"。然后在窗体中添加一个"修改属性"按钮，单击此按钮后将"Label0"中的字符串改为"修改 VBA 标签对象属性成功"，并将该字符串的颜色设置为"红色"，字号设置为"20"号。

方法及步骤：

（1）打开 JXDB 数据库，执行"文件"→"选项"命令，弹出"Access 选项"对话框，选择"信任中心"选项，单击"信任中心设置"按钮，在弹出的对话框中选择"宏设置"选项，选中"启用所有宏"单选按钮。

（2）执行"创建"→"窗体"→"窗体设计"命令，打开"窗体1"的设计视图，如图 1.19.1 所示。

（3）执行"设计"→"控件"→"标签"命令，并在"窗体1"上拖动，绘制出一个矩形"标签"控件，在该"标签"控件中输入字符串"修改 VBA 常用对象属性实验"，如图 1.19.2 所示。

（4）执行"设计"→"控件"→"命令按钮"命令，并在"窗体1"上拖动，绘制出一个矩形"按钮"控件，在该"按钮"控件中输入字符串"修改属性"，并在该"按钮"控件的"属性表"窗口中将其命名为"Command1"，如图 1.19.3 所示。

图 1.19.1 "窗体 1"的设计视图

图 1.19.2 "标签"控件创建完成窗口

（5）单击"Command1"控件，选中该控件，在该控件的"属性表"窗口中，单击"事件"选项卡，单击"单击"这一行中的省略号按钮，打开"选择生成器"窗口，在该窗口中选择"代码生成器"选项，并单击"确定"按钮，如图 1.19.4 所示。

图 1.19.3　"Command1"控件创建完成窗口

（6）打开代码编写窗口，如图 1.19.5 所示。

图 1.19.4　"选择生成器"窗口

图 1.19.5　"Command1"控件"单击"事件代码编写窗口

（7）在代码编写窗口中将代码补充完整，如图 1.19.6 所示。

图 1.19.6　"Command1"控件"单击"事件代码输入完成窗口

（8）单击快速访问工具栏中的"保存"按钮，弹出"另存为"对话框，将窗体命名为"VBA 编程实验窗体 1"，并单击"确定"按钮，如图 1.19.7 所示。

（9）关闭 VBE 编程窗口。

（10）在 Access 对象窗口中，双击窗体"VBA 编程实验窗体 1"，打开该窗体的窗体视图，如图 1.19.8 所示。

图 1.19.7 "另存为"对话框

图 1.19.8 "VBA 编程实验窗体 1"窗体视图

（11）单击"修改属性"按钮，窗体如图 1.19.9 所示。

图 1.19.9 "VBA 编程实验窗体 1"修改属性成功后的窗口

任务二：DoCmd 对象的方法

在任务一中的"VBA 编程实验窗体 1"上添加一个按钮"打开学生表"，将控件命名为"Command2"，单击该按钮可打开"学生"表对象。使用 DoCmd 的 OpenTable 方法实现。

方法及步骤：

（1）打开 JXDB 数据库。在对象窗口双击窗体"VBA 编程实验窗体 1"，打开该窗体的窗体视图。

（2）执行"开始"→"视图"→"视图"→"设计视图"命令，如图 1.19.10 所示，打开窗体的设计视图。

图 1.19.10 "VBA 编程实验窗体 1"设计视图

（3）执行"设计"→"控件"→"命令按钮"命令，在窗体上拖动，绘制出一个命令按钮控件，并在"属性表"窗口中将其名称改为"Command2"；"标题"改为"打开学生表"，如图 1.19.11 所示。

（4）单击"Command2"控件，选中该控件，在该控件的"属性表"窗口中，单击"事件"选项卡，单击"单击"这一行中的省略号按钮，打开"选择生成器"窗口，选择"代码生成器"选项，并单击"确定"按钮，打开代码编写窗口。

（5）在 Command2_Click( )函数中将代码补充完整，代码如图 1.19.12 所示。

（6）单击快速访问工具栏中的"保存"按钮，并关闭 VBE 代码编写窗口。

（7）在 Access 对象窗口中，双击窗体"VBA 编程实验窗体 1"，打开该窗体的窗体视图。在该窗体上单击"打开学生表"按钮，打开"学生"表，如图 1.19.13 所示。

图 1.19.11　"Command2" 控件添加完成窗口

图 1.19.12　"Command2" 控件 "单击" 事件代码输入完成窗口

图 1.19.13　"Command2" 控件运行后的窗口

任务三：VBA 中常见的事件及其处理

在 JXDB 数据库中，创建一个"VBA 编程实验窗体 2"窗体，在这个窗体上绘制一个文本框控件，命名为"Text0"，将该文本框的标签按钮控件"Label1"的"标题"属性改为"输入框："，在该窗体上再绘制一个命令按钮控件，命名为"Command1"，将该控件的"标题"属性改为"激活输入框"。当该"VBA 编程实验窗体 2"加载时，使"输入框"处于"非可用"状态，单击"激活输入框"按钮后，"输入框"被激活，处于"可用"状态。

方法及步骤：

（1）执行"创建"→"窗体"→"窗体设计"命令，打开"窗体 1"的设计视图。

（2）执行"设计"→"控件"→"文本框"命令，在窗体设计视图上拖动，绘制出一个文本框后松开鼠标左键。

（3）单击选中该文本框控件，在窗体右侧的"属性表"窗口中，将控件名称改为"Text0"，如图 1.19.14 所示。

图 1.19.14　文本框控件添加完成窗口

（4）单击选中该文本框控件，在"属性表"窗口中将该控件的"标题"改为"输入框："，如图 1.19.15 所示。

（5）执行"设计"→"控件"→"命令按钮"命令，在窗体设计视图上拖动，绘制出一个按钮后松开鼠标左键。在弹出的"命令按钮向导"对话框中，单击"取消"按钮。

（6）选中该命令按钮控件，在"属性表"窗口中将"名称"改为"Command1"，"标题"改为"激活输入框"，如图 1.19.16 所示。

（7）选中"Command1"控件，在该控件的"属性表"窗口中，单击"事件"选项卡，单击

"单击"属性行的省略号按钮，打开"选择生成器"窗口，选择"代码生成器"选项后，单击"确定"按钮，如图 1.19.17 所示。

图 1.19.15　文本框控件属性修改窗口

图 1.19.16　命令按钮控件添加完成窗口

（8）打开的代码编写窗口如图 1.19.18 所示。

（9）在 Command1_Click( )函数中将代码补充完整，如图 1.19.19 所示。

图 1.19.17 打开"选择生成器"窗口

图 1.19.18 "Command1"控件"单击"事件代码编写窗口

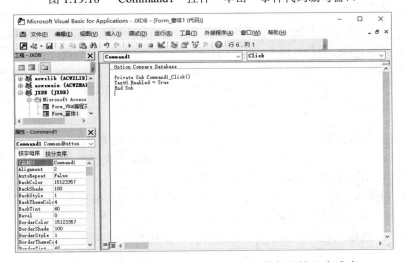

图 1.19.19 "Command1"控件"单击"事件代码输入完成窗口

（10）在代码编写窗口的对象选择框中，选中"Form"对象，如图 1.19.20 所示。

图 1.19.20　选中"Form"对象

（11）在代码编写窗口的事件选择框中，选中"Load"事件，如图 1.19.21 所示。

图 1.19.21　选中"Load"事件

（12）在 Form_Load( )函数中将代码补充完整，如图 1.19.22 所示。

（13）执行"文件"→"保存"命令，在弹出的"另存为"对话框中将窗体命名为"VBA 编程实验窗体 2"，单击"确定"按钮，如图 1.19.23 所示。

（14）关闭代码编写窗口。双击 Access 对象列表中的"VBA 编程实验窗体 2"窗体，打开如图 1.19.24 所示的窗体。输入框为灰色，不能输入。

（15）单击"激活输入框"按钮，输入框被激活，鼠标指针可以进入该文本框，变成可以输入状态。

图 1.19.22　代码编写完成窗口　　　　　　　　　图 1.19.23　"另存为"对话框

图 1.19.24　"VBA 编程实验窗体 2"运行窗口

练习

新建一个窗体，在窗体上放置一个标签和一个按钮，当点击按钮时，能把标签上的文本改为红色三号字显示，请用编程实现按钮的动作。

实验二十　VBA 数据库编程*

实验目的及要求

掌握 VBA 数据库对象的建立和使用方法。

准备工作

- 基本了解 Access 应用软件，掌握数据库相关理论基础知识。
- 在 D 盘根目录下新建一个自己的文件夹，以自己的学号命名，用于存放实验作业。

实验任务、方法及步骤

任务一：使用 ADO 操作数据库

在 JXDB 数据库中创建一个"用户登录窗体"窗体，在该窗体上绘制一个"学号"输入文本框，命名为"TxtID"，一个"姓名"输入文本框，命名为"TxtName"，一个"登录"按钮"CmdLogin"，一个"取消"按钮"CmdClose"。要求用户在窗体界面输入"姓名"、"学号"，单击"登录"按钮，如果和数据库中记录匹配成功，则提示用户登录成功，否则提示用户登录失败。

方法及步骤：

（1）执行"创建"→"窗体"→"窗体设计"命令，打开"窗体 1"的设计视图。

（2）单击快速访问工具栏中的"保存"按钮，在"另存为"对话框中将窗体命名为"用户登录窗体"，单击"确定"按钮。

（3）执行"设计"→"控件"→"文本框"命令，在窗体设计视图上拖动，绘制出一个文本框后松开鼠标左键。

（4）单击选中该文本框，将该文本框的"标题"改为"学号"，在窗体右侧的"属性表"中，将控件名称改为"TxtID"。

（5）执行"设计"→"控件"→"文本框"命令，在窗体设计视图上拖动，绘制出一个文本框后松开鼠标左键。

（6）单击选中该文本框，将该文本框的"标题"改为"姓名"，在窗体右侧的"属性表"中，将控件名称改为"TxtName"。

（7）执行"设计"→"控件"→"命令按钮"命令，在窗体设计视图上拖动，绘制出一个按钮后松开鼠标左键。

（8）单击选中该按钮，在窗体右侧的"属性表"中，将控件名称改为"CmdLogin"。

（9）执行"设计"→"控件"→"命令按钮"命令，在窗体设计视图上拖动，绘制出一个按钮后松开鼠标左键。

（10）单击选中该按钮，在窗体右侧的"属性表"中，将控件名称改为"CmdClose"。

（11）选中"CmdLogin"控件，在该按钮的"属性表"中，单击"事件"选项卡，单击"单击"属性行的省略号按钮，打开"选择生成器"窗口，选择"代码生成器"选项后，单击"确定"按钮，打开代码编写窗口。

（12）执行"工具"→"引用"命令，打开"引用-JXDB"窗口，在该窗口中选中"Microsoft ActiveX Data Objects 2.1 Library"复选框，然后单击"确定"按钮，如图 1.20.1 所示。

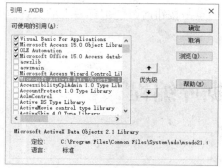

图 1.20.1　引用对象窗口

（13）在代码编写窗口中，将 **CmdLogin_Click( )** 函数补充完整，代码如下。输入完成后如图 1.20.2 所示。

```vb
Private Sub CmdLogin_Click()
    '创建 ADO 的 Connection 对象
    Dim MyADOcnn As New ADODB.Connection
    '使用 Connection 对象的 Open 方法,建立与数据库的连接
    MyADOcnn.Open "Provider=Microsoft.ACE.OLEDB.12.0;Data Source=" &
        "C:\Sample\JXDB.accdb;"
    '定义 4 个字符串变量, 取出窗体上用户输入的值
    Dim strName As String
    Dim strID As String
    '如果用户输入的学号为空，则提示学号不能为空
    If Form_用户登录窗体.TxtID.Value <> "" Then
        strID=Form_用户登录窗体.TxtID.Value
    Else
        MsgBox "学号不能为空！"
        Exit Sub
    End If
    strID=Form_用户登录窗体.TxtID.Value
    strName=Form_用户登录窗体.TxtName.Value
    '定义一个 Command, 通过 Command 对象的实例, 可将一条 SQL 语句的所有属性和行为封
    '装在一个对象中
    Set cmd=New ADODB.Command
    With cmd
        .ActiveConnection=MyADOcnn
        '查询数据库中的用户表, 看用户输入的姓名学号是否正确
        .CommandText="select * from 学生 where 学号='" & strID & "' and 姓
                    名='" & strName & "'"
        .Execute
    End With
    '定义一个 Recordset 记录集对象，以便在建立与数据源的连接之后处理数据
    Set rsUser=New ADODB.Recordset
    rsUser.CursorType=adOpenStatic
    rsUser.LockType=adLockReadOnly
    rsUser.Open cmd
    If rsUser.EOF <> True Then
        MsgBox "用户登录成功"
        Form_用户登录窗体.TxtID.SetFocus
        Form_用户登录窗体.TxtID.Text=""
        Form_用户登录窗体.TxtName.SetFocus
        Form_用户登录窗体.TxtName.Text=""
        Exit Sub
    End If
    '关闭记录集
    rsUser.Close
    '关闭数据库连接
    MyADOcnn.Close
End Sub
```

图 1.20.2　CmdLogin_Click( )代码输入完成窗口

（14）单击快速访问工具栏中的"保存"按钮。

（15）关闭代码编写窗口。关闭数据库窗口。在 C 盘上建立文件夹"SAMPLE"，将数据库文件"JXDB.accdb"复制到该文件夹下或在程序代码中更改相应数据库文件存放位置。

（16）双击该数据库文件打开 JXDB 数据库，在"安全警告"的"选项"窗口中，选中"启用此内容"单选按钮。

（17）在 Access 对象窗口中，双击"用户登录窗体"窗体，打开如图 1.20.3 所示的窗体。

（18）在"学号"文本框中输入"15002"，在"姓名"文本框中输入"王思"，单击"登录"按钮，如图 1.20.4 所示。

图 1.20.3　"用户登录窗体"运行窗口

练习

设计一个登录窗体，窗体上放置两个文本框和一个按钮，按钮显示文字为"登录"，两个文本框分别为用户名和密码，当用户在文本框输入用户名和密码后，点击登录按钮，如果输入的用户名和密码和数据库中一致，提示用户登录成功，否则失败。请用编程实现该功能。

图 1.20.4　用户登录成功提示

实验二十一　综合实验

实验目的及要求

利用前面对基本表、查询、窗体、报表和宏的学习，来实现一个较完整的数据库系统设计，掌握 Access 核心知识，提高综合运用 Access 数据库知识的能力。

准备工作

- 掌握数据库设计的基础知识、基本流程。
- 对 Access 2013 中的各个对象熟练应用。
- 在 D 盘根目录下新建一个自己的文件夹，以自己的学号命名，用于存放实验作业。

实验任务、方法及步骤

任务一：创建实验所需的基本表

方法及步骤：

（1）基本表设计，如图 1.21.1～图 1.21.6 所示。

图 1.21.1　"部门"表　　　　　　　图 1.21.2　"选修"表

字段名称	数据类型
职工号	短文本
姓名	短文本
性别	短文本
出生日期	日期/时间
工作日期	日期/时间
学历	短文本
职务	短文本
职称	短文本
工资	货币
配偶号	短文本
部门	短文本
相片	附件

图 1.21.3 "教工"表

字段名称	数据类型
学号	短文本
姓名	短文本
性别	短文本
出生日期	日期/时间
身高	数字
院系	短文本
党员否	是/否
相片	OLE 对象

图 1.21.4 "学生"表

字段名称	数据类型
教工号	短文本
课号	短文本
班级	短文本
学年度	短文本
学期	短文本
考核分	数字

图 1.21.5 "教课"表

字段名称	数据类型
课号	短文本
课名	短文本
课时	数字
学分	数字
先修课号	短文本

图 1.21.6 "课程"表

（2）添加数据，如图 1.21.7～图 1.21.12 所示。

部门名	办公地点	电话
计算机系	行政五楼	86220056
数学系	行政三楼	86221099
英语系	教八二楼	86221103

图 1.21.7 "部门"表

学号	课号	成绩
11001	1	80
11001	2	55
11001	3	78
11001	4	92
11002	2	36
11002	3	98
11003	3	35

图 1.21.8 "选修"表

职工号	姓名	性别	出生日期	工作日期	学历	职务	职称	工资	配偶号	部门	相片
1981001	王伟华	男	1958-8-9	1981-7-1	博士	系主任	教授	￥4,200.00	1983002	计算机系	
1983002	陈平	女	1970-5-6	1983-7-1	硕士		讲师	￥2,800.00	1981001	数学系	
1983003	丁钢	男	1959-2-8	1983-7-1	本科	系主任	副教授	￥3,500.00	1985001	计算机系	
1985001	陈小兰	女	1963-3-18	1985-9-1	专科	副主任	副教授	￥3,300.00	1983003	计算机系	
2007001	汪和平	男	1984-10-12	2007-7-1	本科		助教	￥1,900.00		英语系	

图 1.21.9 "教工"表

学号	姓名	性别	出生日期	身高	院系	党员否	评语	相片
11001	李小鹃	女	1993-2-10	160	计算机系	☑	锐意进取，求实求精	位图图像
11002	王思	男	1992-10-8	185	计算机系	☐	勤奋好学，表现突出	
11003	欧阳文秀	男	1993-8-7	172	英语系	☑	团结同学，乐于助人	
11004	王思	男	1993-11-20	158	计算机系	☐	知识面广，勇于创新	
11005	陈新	男	1991-6-26	180	英语系	☐	思想活跃，多才多艺	
11006	李爱华	男	1994-1-8	170	数学系	☐	品行端正，成绩优秀	

图 1.21.10 "学生"表

学号	教工号	课号	学年度	学期	班级	考核分
1	1981001	1	2010-2011	上	10计本1班	96
2	1981001	2	2010-2011	上	10数本1班	90
3	1985001	2	2010-2012	下	11英本1攻	82

图 1.21.11 "教课"表

课号	课名	课时	学分	先修课号
1	离散数学	72	4	
2	计算机导论	36	2	
3	C语言	72	4	2
4	数据结构	72	4	3
5	操作系统	72	4	
6	数据库	72	4	4
7	生理卫生	18	1	

图 1.21.12 "课程"表

（3）建立表之间的关系，如图 1.21.13 所示。

图 1.21.13 关系图

任务二：创建查询

方法及步骤：

（1）查询性别为"女"的计算机系学生信息，其查询创建步骤如下。

① 选择查询对象，执行"创建"→"查询"→"查询设计"命令。

② 在弹出的"显示表"对话框中，双击"学生"表，单击"关闭"按钮。

③ 在"字段列表"里分别双击"*"、"性别"和"院系"字段。

④ 在设计网格"显示"行中，取消"性别"和"院系"的显示。

⑤ 在设计网格"条件"行中，"性别"字段列对应输入"女"，"院系"字段列对应输入"计算机系"。

⑥ 执行"设计"→"结果"→"运行"命令，并关闭弹出的对话框。

⑦ 保存此查询为"学生信息查询"。

（2）统计计算机系学生的总人数，其查询创建步骤如下。

① 选择查询对象，执行"创建"→"查询"→"查询设计"命令。

② 在弹出的"显示表"对话框中，双击"学生"表，单击"关闭"按钮。

③ 在"字段列表"里分别双击"院系"和"学号"字段。

④ 执行"设计"→"显示/隐藏"→"汇总"命令。

⑤ 在设计网格"总计"行中，"院系"字段列选择"分组"，"学号"字段列选择"计算"，并将"学号"字段名改成"人数：学号"。

⑥ 执行"设计"→"结果"→"运行"命令，并关闭弹出的对话框。

⑦ 保存此查询为"计算机系学生人数"。

（3）创建学生成绩交叉表查询，其查询创建步骤如下。

① 选择查询对象，执行"创建"→"查询"→"查询设计"命令。

② 在弹出的"显示表"对话框中，双击"学生"和"选修"表，单击"关闭"按钮。

③ 双击"学生"表中的"姓名"字段，双击"选修"表中的"课号"和"成绩"两个字段。

④ 执行"设计"→"查询类型"→"交叉表"命令。

⑤ 在设计网格"总计"行中，"姓名"和"课号"均设置为"分组"，而"成绩"设置为"第一条"。

⑥ 在设计网格"交叉表"行中，"姓名"设置为"行标题"，"课号"设置为"列标题"，"成绩"设置为"值"。

⑦ 执行"设计"→"结果"→"运行"命令，并关闭弹出的对话框。

⑧ 保存此查询为"学生成绩交叉表查询"。

（4）创建教工参数查询，其步骤如下。

① 选择查询对象，执行"创建"→"查询"→"查询设计"命令。

② 在弹出的"显示表"对话框中，双击"教工"表，单击"关闭"按钮。

③ 在"字段列表"里分别双击"*"、"部门"和"职称"字段。

④ 在设计网格"显示"行中，取消"部门"和"职称"的显示。

⑤ 在设计网格"条件"行中，在"部门"单元格中输入"[请输入部门名：]"，在"职称"单元格中输入"[请输入对应职称：]"。

⑥ 执行"设计"→"结果"→"运行"命令，并关闭弹出的对话框。

⑦ 保存此查询为"教工参数查询"。

（5）创建查询1，其步骤如下。

① 选择"查询"对象，执行"创建"→"查询"→"查询设计"命令。

② 在弹出的"显示表"对话框中，双击"学生"、"选修"、"课程"表，单击"关闭"按钮。

③ 在"字段列表"里分别双击"学号"、"姓名"、"课名"、"成绩"字段。

④ 在设计网格"显示"行中，取消"学号"的显示，并在其"条件"单元格中输入"[forms]![按学号查看学生成绩]![sno]"。

⑤ 保存此查询为"查询 1"。

任务三：创建窗体

方法及步骤：

（1）创建"成批查看教工情况"窗体，其步骤如下。

① 选择窗体对象，然后执行"创建"→"窗体"→"窗体向导"命令。

② 在"表/查询"下拉列表中选择"教工"选项，并双击选中所有字段。

③ 单击"下一步"按钮。

④ 选中"表格"单选按钮，单击"下一步"按钮。

⑤ 选中"凸窗"单选按钮，单击"下一步"按钮。

⑥ 在"请为窗体指定标题"文本框内输入"成批查看教工情况"，并选中"修改窗体设计"单选按钮。

⑦ 单击"完成"按钮。

⑧ 在该窗体页脚处添加 3 个命令按钮控件，分别为"插入记录"、"删除记录"、"关闭窗体"，并保存该窗体。

（2）创建"逐个查看学生情况"窗体，其步骤如下。

① 选择窗体对象，然后执行"创建"→"窗体"→"窗体向导"命令。

② 在"表/查询"下拉列表中选择"学生"选项，并双击选中所有字段。

③ 单击"下一步"按钮。

④ 选中"纵栏表"单选按钮，单击"下一步"按钮。

⑤ 选中"凸窗"单选按钮，单击"下一步"按钮。

⑥ 在"请为窗体指定标题"文本框内输入"逐个查看学生情况"，并选中"修改窗体设计"单选按钮。

⑦ 单击"完成"按钮。

⑧ 在该窗体页脚处添加 5 个命令按钮控件，分别为"插入记录"、"删除记录"、"关闭窗体"、"上一条"、"下一条"，并保存该窗体。

（3）创建"按学号查看学生成绩"窗体，其步骤如下。

① 选择窗体对象，然后执行"创建"→"窗体"→"窗体设计"命令。

② 在窗体页眉中加入标签控件，在"属性表"窗口中，将"标题"属性设置为"学生成绩查询"。

③ 在主体中加入组合框控件，将组合框控件的标签控件的"标题"属性设置为"请输入要查询的学生学号："，将组合框的行来源属性设置为"select 学生.学号 from 学生"，并将组合框的名称改为"sno"。

④ 在主体中再加入子窗体/子报表控件，将其源对象设置为"查询 1"。

⑤ 在主体中再加入两个命令按钮控件，分别为"查询"、"关闭窗体"，在"查询"按钮的"单击"事件中加入如下代码："me.refresh"。

⑥ 设计好后，切换到窗体视图，查看其最终效果，并保存该窗体名称为"按学号查看学生成绩"。

（4）创建"界面窗体"，其步骤如下。

① 选择窗体对象，然后执行"创建"→"窗体"→"窗体设计"命令。

② 在窗体页眉中加入标签控件，在"属性表"窗口中，将"标题"属性设置为"教学管理系统"。

③ 在主体中加入 3 个命令按钮控件，分别命名为"按学号查看学生成绩"、"成批查看教工情况"、"逐个查看学生情况"。将"按学号查看学生成绩"的"单击"事件设置为"宏生成器"，进入到宏设计界面，将其操作设置为"OpenForm"，将操作参数中的窗体名称设置为"按学号查看学生成绩"，按照同样的步骤，将另外两个按钮中的窗体名称分为设置为"成批查看教工情况"和"逐个查看学生情况"。

④ 保存该窗体名称为"界面窗体"。

最后完成的各窗体如图 1.21.14～图 1.21.17 所示。

图 1.21.14　界面窗体

图 1.21.15　按学号查看学生成绩

图 1.21.16　成批查看教工情况

图 1.21.17　逐个查看学生情况

任务四：创建学生选课查询报表

方法及步骤：

（1）选择报表对象，然后执行"创建"→"报表"→"报表设计"命令。

（2）将整个报表的记录源通过查询设计器，取出学生学号、学生姓名、课程名、教师姓名及学生成绩。

（3）在报表页眉中加入标签控件，在"属性表"窗口中，将"标题"属性设置为"学生成绩报表"。

（4）在页面页眉中加入 5 个标签控件，将其"标题"属性分别设置为"学号"、"姓名"、"课程名"、"教师姓名"、"成绩"。

（5）添加组页眉、组页脚，在组页眉中加入两个文本框控件，将其"控件来源"属性分别设置为"学号字段"和"姓名字段"。

（6）在主体中添加 3 个文本框控件，将其"控件来源"属性分别设置为"课名"、"教工姓名"、"成绩"。

（7）在组页脚中加入文本框控件，将其标签控件"标题"属性设置为"每个学生的平均成绩："，将文本框的"控件来源"属性设置为"=Avg([成绩])"。

（8）在页面页脚中加入文本框控件，将其"控件来源"属性设置为"="第" & [Page] & "页，共" & [Pages] & "页""。

（9）在报表页脚中加入文本框控件，将其标签控件"标题"设置为"全班学生的平均成绩："，将文本框的"控件来源"属性设置为"=Avg([成绩])"。

（10）保存该报表为"学生选课查询"。

其最后完成的报表如图 1.21.18 和图 1.21.19 所示。

图 1.21.18　报表（1）　　　　　　　　　　　　　图 1.21.19　报表（2）

第二部分 习题与解析

第一章 数据库系统概述

一、选择题

1. 下列有关数据库的描述，正确的是（　　）。
   - A．数据库是一个 DBF 文件
   - B．数据库是一个关系
   - C．数据库是一个结构化的数据集合
   - D．数据库是一组文件
2. 数据库系统的核心是（　　）。
   - A．数据库管理员
   - B．数据库管理系统
   - C．数据库
   - D．文件
3. 数据库管理系统（DBMS）的组成不包括（　　）。
   - A．数据定义语言及其翻译处理程序
   - B．数据库运行控制程序
   - C．数据库应用程序
   - D．实用程序
4. 以下不属于数据库系统（DBS）的组成部分的是（　　）。
   - A．数据库集合
   - B．用户
   - C．数据库管理系统及相关软件
   - D．操作系统
5. 以下不属于数据库系统（DBS）的组成部分的是（　　）。
   - A．硬件系统
   - B．数据库管理系统及相关软件
   - C．文件系统
   - D．数据库管理员
6. 下列所示的数据模型属于（　　）。

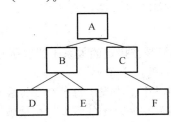

   - A．关系模型
   - B．层次模型
   - C．网状模型
   - D．以上皆非
7. 用二维表来表示实体及实体之间联系的数据模型是（　　）。
   - A．关系模型
   - B．层次模型
   - C．网状模型
   - D．实体-联系模型
8. 关系型数据库中所谓的"关系"是指（　　）。
   - A．各个记录中的数据彼此间有一定的关联关系
   - B．数据模型符合满足一定条件的二维表格式
   - C．某两个数据库文件之间有一定的关系

    D. 表中的两个字段有一定的关系

9. 构成关系模型中的一组相互联系的"关系"一般是指（   ）。

    A. 满足一定规范化的二维表   B. 二维表中的一行

    C. 二维表中的一列   D. 二维表中的一个数字项

10. 关系模型中最普遍的联系是（   ）。

    A. 一对一联系   B. 多对多联系

    C. 一对一联系   D. 多对一联系

11. 数据库系统四要素中，（   ）是数据库系统的核心和管理对象。

    A. 硬件   B. 软件

    C. 数据库   D. 人

12. DBMS 对数据库数据的检索、插入、修改和删除操作的功能称为（   ）。

    A. 数据操纵   B. 数据控制

    C. 数据管理   D. 数据定义

13. Access 数据库的设计一般由 5 个步骤组成，以下步骤的排序正确的是（   ）。

    a. 确定数据库中的表   b. 确定表中的字段   c. 确定主关键字

    d. 分析建立数据库的目的   e. 确定表之间的关系

    A. dabec   B. dabce   C. cdabe   D. cdaeb

14. 数据库技术的主要目的是能有效地（   ）。

    A. 管理和存取大量的数据资源   B. 进行数据的科学计算

    C. 利用数据满足业务需求   D. 通过网络更好地共享数据

15. 下列有关数据库的描述，正确的是（   ）。

    A. 数据处理是将信息转化为数据的过程

    B. 数据的物理独立性是指当数据的逻辑结构改变时，数据的存储结构不变

    C. 关系中的每一列称为元组，一个元组就是一个字段

    D. 如果一个关系中的属性或属性组并非该关系的关键字，但它是另一个关系的关键字，则称其为本关系的外关键字

二、填空题

1. 在关系运算中，_____运算是在指定的关系中选取所有满足给定条件的元组，构成一个新的关系，而这个新的关系是原关系的一个子集。

2. 在关系模型中，把数据看成一个二维表，每一个二维表称为一个_____。

3. 为了把多对多的联系分解成两个一对多的联系，需要建立一个"纽带表"，该"纽带表"包含两个表的_____。

4. 一个项目具有一个项目主管，一个项目主管可以管理多个项目，则实体集"项目主管"与实体集"项目"的联系属于_____联系。

解析

一、选择题

1. 答案：C。数据库（简称 DB）是数据库的集合，具有统一的结构形式并存放于统一的存储介质中，是多种应用数据的集合，并可被各种应用程序所共享。数据库中的数据具有"集成"和"共享"的特点。

2. 答案：B。数据库系统由 5 个部分组成：硬件系统、数据库集合、数据库管理系统及相关软件、数据库管理员、用户。其中数据库管理系统是核心。

3. 答案：C。数据库管理系统的组成包括数据定义语言及其翻译处理程序、数据操纵语言及其编译程序、数据库运行控制程序、实用程序。而 C 选项数据库应用程序是数据库管理系统的外层应用。

4. 答案：D。数据库系统由 5 个部分组成：硬件系统、数据库集合、数据库管理系统及相关软件、数据库管理员、用户。

5. 答案：C。DBS 由硬件系统、数据库集合、数据库管理系统及相关软件、数据库管理员、用户等组成。

6. 答案：B。层次数据模型的特点是有且只有一个结点无双亲，这个结点称为"根结点"；其他结点有且只有一个双亲。网状数据模型的特点是允许一个以上结点无双亲；一个结点可以有多于一个的双亲。关系数据模型是以二维表的形式来表示的。

7. 答案：A。

8. 答案：B。在 Access 中，一个表就是一个关系，每一个关系都是一个二维表。

9. 答案：A。在 Access 中，一个表就是一个关系，每一个关系都是一个二维表。

10. 答案：A。在 Access 数据库中表之间的关系一般为一对多型。

11. 答案：C。数据库是存放数据的地方，是数据库系统的核心。

12. 答案：A。数据的检索、插入、修改和删除操作都是数据操纵语言拥有的功能。

13. 答案：B。Access 数据库的设计一般由 5 个步骤组成：分析建立数据库的目的，确定数据库中的表，确定表中的字段，确定主关键字，确定表之间的关系。

14. 答案：A。数据库技术的主要目的是能有效地管理和存取大量的数据资源。B、C、D 选项都是数据库的扩展应用，数据库技术也不是这些应用的核心。

15. 答案：D。数据处理是指将数据转换成信息的过程，故 A 选项错误。数据的物理独立性是指数据的物理结构的改变，不会影响数据库的逻辑结构，故 B 选项错误。关系中的行称为元组，对应存储文件中的记录，关系中的列称为属性，对应存储文件中的字段，故 C 选项错误。

二、填空题

1. 答案：选择。在关系运算中，选择运算是在指定的关系中选取所有满足给定条件的元组，构成一个新的关系，而这个新的关系是原关系的一个子键。

2. 答案：关系。在关系模型中，把数据看成一个二维表，每一个二维表称为一个关系。

3. 答案：主键。为了避免数据的重复存储，又要保持两个表之间的多对多联系，方法是创建第三个表，把多对多的联系分解成两个一对多的联系，所创建的第 3 个表应包含两个表的主关键字，在两表之间起"纽带"的作用，称为"纽带表"。

4. 答案：一对多。实体集"项目主管"与实体集"项目"的联系属于一对多的联系。

第二章　关系数据库

一、选择题

1. 设有如下图所示的关系 R，经操作 $\pi_{4,6}(\sigma_{B=\text{"}b\text{"}})$ 运算的结果是（　　　）。

R

A	B	C
a	b	c
d	a	f
c	b	d

A.

A	B	C
a	b	c
c	b	d

B.

A	B
a	b
d	a

C.

A	B
a	b
c	b

D.

A	B
d	a
c	b

2．有 3 个关系 R、S 和 T 如下：

R

A	B	C
a	1	2
b	2	1
c	3	1

S

A	D
c	4

T

A	B	C	D
c	3	1	4

则由关系 R 和 S 得到关系 T 的操作是（   ）。

     A．自然连接   B．交   C．投影   D．并

3．根据关系模式的完整性规则，一个关系中的"主键"（   ）。

     A．不能有两个   B．不能成为另外一个关系的外码

     C．不允许为空   D．可以取值

4．在关系 R（$R\#$，RN，$S\#$）和 S（$S\#$，SN，SD）中，R 的主码是 $R\#$，S 的主码是 $S\#$，则 $S\#$ 在 R 中称为（   ）。

     A．外键   B．候选键   C．主键   D．超键

5．关系模型中，一个键（   ）。

     A．可由多个任意属性组成

     B．至多由一个属性组成

     C．可由一个或多个其值能唯一标识该关系模式中任意元组的属性组成

     D．以上都不是

6．一个关系数据库文件中的各条记录（   ）。

     A．前后顺序不能任意颠倒，一定要按照输入的顺序排列

     B．前后顺序可以任意颠倒，不影响库中的数据关系

     C．前后顺序可以任意颠倒，但排列顺序不同，统计处理的结果可能不同

     D．前后顺序不能任意颠倒，一定要按照码段的顺序排列

7．同一个关系模型的任意两个元组值（   ）。

     A．不能全同   B．可全同   C．必须全同   D．以上都不是

8．当关系 R 和 S 自然连接时，能够把 R 和 S 原该舍弃的元组放到结果关系中的操作是（   ）。

     A．左外连接   B．右外连接   C．外部并   D．外连接

9．自然连接是构成新关系的有效方法。一般情况下，当对关系 R 和 S 使用自然连接时，要求 R 和 S 含有一个或多个共有的（   ）。

     A．元组   B．行   C．记录   D．属性

10．设 $W=R \bowtie S$，且 W、R、S 的属性个数分别为 w、r 和 s，那么三者之间应满足的关系是（   ）。

     A．$w \leqslant r+s$ B．$w<r+s$ C．$w \geqslant r+s$ D．$w>r+s$

11．设有关系 R（A，B，C）和关系 S（B，C，D），那么与 $R \bowtie S$ 等价的关系代数表达式是（   ）。

     A．$\pi_{1,2,3,4}$（$\sigma_{2=1 \wedge 3=2}$（$R \times S$））   B．$\pi_{1,2,3,6}$（$\sigma_{2=1 \wedge 3=2}$（$R \times S$））

     C．$\pi_{1,2,3,6}$（$\sigma_{2=4 \wedge 3=5}$（$R \times S$））   D．$\pi_{1,2,3,4}$（$\sigma_{2=4 \wedge 3=5}$（$R \times S$））

12．设关系 R 和 S 的结构相同，分别有 m 和 n 个元组，那么 $R-S$ 操作的结果中元组个数为（   ）。

    A. *m−n*　　　　　　B. *m*　　　　　　C. 小于等于 *m*　　　　D. 小于等于（*m−n*）

13. 设关系 *R*（*A*, *B*, *C*）和 *S*（*B*, *C*, *D*），下列各关系代数表达式不成立的是（　　）。

    A. Π_A（*R*）$\bowtie \Pi_D$（*S*）　　B. *R*∪*S*　　C. Π_B（*R*）∩∩Π_B（*S*）　　D. *R*⋈*S*

14. 设有关系 *R*，按条件 *f* 对关系 *R* 进行选择，正确的是（　　）。

    A. *R*×*R*　　　　　B. *R*⋈$_f$*R*　　　　C. σ_f（*R*）　　　D. Π_f（*R*）

15. 设有属性 *A*、*B*、*C*、*D*，以下表示中不是关系的是（　　）。

    A. *R*（*A*）　　　　　　　　　　　B. *R*（*A*, *B*, *C*, *D*）

    C. *R*（*A**B*C*D）　　　　　　D. *R*（*A*, *B*）

二、填空题

1. 关系操作的特点是_____操作。

2. 一个关系模式的定义格式为_____。

3. 一个关系模式的定义主要包括_____、_____、_____、_____和_____。

4. 关系数据库中可命名的最小数据单位是_____。

5. 关系模式是关系的_____，相当于_____。

6. 在一个实体表示的信息中，称_____为主码。

7. 关系代数运算中，传统的集合运算有_____、_____、_____和_____。

8. 关系代数运算中，基本的运算是_____、_____、_____、_____和_____。

9. 关系代数运算中，专门的关系运算有_____、_____和_____。

10. 关系数据库中基于数学上两类运算是_____和_____。

解析

一、选择题

1. 答案：C。考查关系运算中的选择与投影运算，选作 *B*="*b*"的选择运算，再进行取 *A* 和 *B* 属性的投影运算，所以答案 C 符合题意。

2. 答案：A。考查关系运算。在关系运算中，分为集合运算、专门关系运算两种。集合运算有并、交、差等，要求两个关系必须具有相同的结构。专门关系运算由选择、投影、连接构成。选择、投影都是针对一个关系运算的；选择，找出满足逻辑条件的元组操作；投影，找出满足逻辑条件的属性操作。连接，对两个关系及以上关系运算的，而不注重结构，进行连接。于是 A 选项符合题意。

3. 答案：C。考查关系模式的完整性规则中主键属性。

4. 答案：A。考查外键的定义，一个属性在一个表中是主键，在另一表中不是主键，则是该表的外键。

5. 答案：C。考查键的定义，主键由一个属性构成，复合主键由多个属性组合而成，共同特性是能唯一标识元组。

6. 答案：B。考查关系元组属性，二维关系中元组不能重复，但顺序可以颠倒，不影响数据统计。

7. 答案：D。考查关系元组属性，二维关系中元组不能重复，但顺序可以颠倒。

8. 答案：D。考查外连接的概念，外连接会在自然连接的基础之上，将条件不成立而舍弃的元组保存在结果中，而在其他属性上填空值（Null）。

9. 答案：D。考查自然连接的运算规则，在两个关系进行自然连接时，要有公共属性，否则等同于笛卡儿积运算。

10. 答案：A。考查自然连接的运算规则。自然连接两个运算对象属性集取并运算。

11. 答案：B。考查自然连接的运算规则。自然连接可以看成在迪卡儿积的基础之上做选择投影运算。

12. 答案：C。考查集合的差运算。

13. 答案：B。考查关系表达式的运算目。在做并交运算时，运算目的结构要求一致，而做连接运算可以不相同。

14. 答案：C。考查选择运算。选择运算的符号表达为：$\sigma_f(R)$，f 表示条件，R 为操作表。

15. 答案：C。关系的表达形式一般为：关系名（属性名 1，属性名 2，…，属性名 n）。

二、填空题

1. 答案：集合。
2. 答案：关系名（属性名 1，属性名 2，…，属性名 n）。
3. 答案：关系名、属性名、属性类型、属性长度、主码。
4. 答案：属性名。
5. 答案：框架、记录格式。
6. 答案：能唯一标识实体的属性或属性组。
7. 答案：笛卡儿积、并、交、差。
8. 答案：并、差、笛卡儿积、投影、选择。
9. 答案：选择、投影、连接。
10. 答案：关系代数、关系演算。

第三章　创建数据库

选择题

1. 利用 Access 2013 创建的数据库文件，其扩展名为（　　）。
   A. ADP　　　　B. DBF　　　　　　C. ACCDB　　　D. MDB
2. Access 数据库具有很多特点，下列叙述中，不是 Access 特点的是（　　）。
   A. Access 数据库可以保存多种数据类型，包括多媒体数据
   B. Access 可以通过编写应用程序来操作数据库中的数据
   C. Access 可以支持 Internet/Intranet 应用
   D. Access 作为网状数据库模型支持客户机/服务器应用系统
3. 不属于 Access 对象的是（　　）。
   A. 表　　　　　B. 文件夹　　　　　C. 窗体　　　　D. 查询
4. 在 Access 数据库对象中，体现数据库设计目的的对象是（　　）。
   A. 报表　　　　B. 模块　　　　　　C. 查询　　　　D. 表
5. 下列属于数据库查询功能的是（　　）。
   A. 在班级中填写家庭情况登记表　　　　B. 用电子邮件发送国外大学入学申请表
   C. 到中华铁路网检索某次列车到站时间　　D. 用 Excel 处理学生成绩统计表

解析

1. 答案：C。Access 2013 数据库扩展名为.accdb，Access 2003 数据库扩展名为.mdb。
2. 答案：D。Access 数据库为关系数据库，D 选项与其相违背。
3. 答案：B。Access 对象分别为表、查询、窗体、报表、宏、页和模块。
4. 答案：D。Access 所有操作都是围绕表进行的，数据库设计目的的对象为表。
5. 答案：C。查询最常用的功能是从表中检索出满足指定条件的数据。与 C 选项表述的意思相符。

第四章　表

一、选择题

1. 查询课程名称以"ACCESS"开头的记录应使用的准则是（　　　）。
   A．"access*"　　　　B．="access"　　　　C．like"access*"　　　　D．in("access*")
2. 以下字符串符合 Access 字段名规则的是（　　　）。
   A．! name!　　　　B．%name%　　　　C．[name]　　　　D．..name..
3. 使用表设计器定义表中字段时，不是必须设置的内容是（　　　）。
   A．字段名称　　　　B．数据类型　　　　C．说明　　　　D．字段属性
4. 以下字符串不符合 Access 字段命名规则的是（　　　）。
   A．school　　　　B．生日快乐　　　　C．hello.c　　　　D．//注释
5. 在 Access 表中，可以定义 3 种主关键字，它们是（　　　）。
   A．单字段、双字段和多字段　　　　B．单字段、双字段和自动编号
   C．单字段、多字段和自动编号　　　　D．双字段、多字段和自动编号
6. 对数据表进行筛选操作，结果是（　　　）。
   A．只显示满足条件的记录，将不满足条件的记录从表中删除
   B．显示满足条件的记录，并将这些记录保存在一个新表中
   C．只显示满足条件的记录，不满足条件的记录被隐藏
   D．将满足条件的记录和不满足条件的记录分为两个表进行显示
7. 如果某数据库的表中要添加一张图片，则应该采用的字段类型是（　　　）。
   A．OLE 对象数据类型　　　　B．超级链接数据类新高
   C．查阅向导数据类型　　　　D．自动编号数据类型
8. 假设某用户想把歌手的音乐存入 Access 数据库，那么他该采用的数据类型是（　　　）。
   A．查询向导　　　　B．自动编号　　　　C．OLE 对象　　　　D．备注
9. 某数据库的表中要添加一个 Word 文档，则应改用的字段类型是（　　　）。
   A．OLE 对象数据类型　　　　B．超级链接数据类型
   C．查阅向导数据类型　　　　D．自动编号数据类型
10. 要求主表中没有相关记录时就不能将记录添加到相关表中，则应该在表关系中设置（　　　）。
    A．参照完整性　　　B．有效性规则　　　C．输入掩码　　　　D．级联更新相关字段
11. 可以选择输入数据或空格的输入掩码是（　　　）。
    A．0　　　　B．<　　　　C．>　　　　D．9
12. 在 Access 的数据表中删除一条记录，被删除的记录（　　　）。

A．可以恢复到原来位置　　　　　　B．被恢复为最后一条记录

C．被恢复为第一条记录　　　　　　D．不能恢复

13．在 Access 中，可以选择输入任何字符或一个空格的输入掩码是（　　　）。

A．A　　　　　B．a　　　　　C．C　　　　　D．&

14．某文本型字段的值只能为字母且不允许超过 6 个，则可将该字段的"输入掩码"属性定义为（　　　）。

A．AAAAA　　　B．LLLLLLL　　　C．CCCCCC　　　D．999999

15．必须输入数字 0～9 的输入掩码是（　　　）。

A．>　　　　　B．<　　　　　C．0　　　　　D．A

二．填空题

设有文本型字段的取值依次为 6，8，46，123，则按升序排序后的结果为_____。

解析

一、选择题

1．答案：C。特殊运算符 LIKE 用于指定查找文本字段的字符模式，其中*表示该位置可匹配多个字符。

2．答案：B。字段的命名规则为长度 1～64 个字符；不可以包含字母、汉字、数字、空格和其他字符；不能包括句号、感叹号、方括号和重音符号。

3．答案：C。设计表时，需填写字段名、字段数据类型及修改相关字段格式、掩码等属性，其说明可以不必给出。

4．答案：C。字段命名规则为长度 1～64 个字符；可以包含字母、汉字、数字、空格和其他字符；不能包括句号、感叹号、方括号和重音符号。

5．答案：C。Access 表的主键有 3 种：主键、复合主键和自动编号，分别与 C 选项的单字段、多字段和自动编号相对应。

6．答案：C。考查筛选操作的实际意义。Access 中的筛选操作仅是对满足条件的记录进行显示，而非满足条件的记录进行隐藏，在取消筛选操作中可以将全部记录再次显示出来。

7．答案：A。OLE 对象指的是其他使用 OLE 协议程序创建的对象，如 Word 文档、Excel 电子表格、图像、声音和其他二进制数据。

8．答案：C。OLE 对象指的是其他使用 OLE 协议程序创建的对象，如 Word 文档、Excel 电子表格、图像、声音和其他二进制数据。

9．答案：A。OLE 对象指的是其他使用 OLE 协议程序创建的对象，如 Word 文档、Excel 电子表格、图像、声音和其他二进制数据。

10．答案：A。表的关系有 3 个层次：参照完整性要求主表中没有相关记录时就不能将记录添加到相关表中；级联更新要求主表相关记录字段发生改变，从表相关记录一起发生改变；级联删除要求主表删除相关记录，从表相关记录一关删除。

11．答案：D。A 选项指必须输入数字（0～9）；B 选项指将所有字符转换为小写；C 选项指将所有字符转换为大写。

12．答案：D。在 Access 中记录的删除是物理删除，不能恢复。

13．答案：C。在"输入掩码"属性所使用的字符中，字符"A"表示必须输入字母或数字；

字符 "a" 表示可以选择输入字母或数字；字符 "&" 表示必须输入任何字符或一个空格；字符 "C" 表示可以选择输入任何字符或一个空格。

14. 答案：B。A 选项必须输入 6 个字母或数字；C 选项可以输入任意 6 个字符；D 选项可以选择输入 6 个数据或空格。只有 B 选项符合题意。

15. 答案：C。A 选项指将所有字符转换为大写；B 选项指将所有字符转换为小写；C 选项指必须输入数字；D 选项指必须输入字母或数字。

二、填空题

答案：123，46，6，8。对于文本型字段，如果其取值有数字，Access 将把数字视为字符串，因为排序是按照 ASCII 码值的大小来进行的，而不是按照数字本身的大小来进行的。

第五章 查　询

一、选择题

1. 在 Access 数据库中使用向导创建查询，其数据可以来自（　　）。
　　A．多个表　　　　　　B．一个表　　　　　　C．一个表的一部分　　　D．表或查询

2. Access 支持的查询类型有（　　）。
　　A．选择查询、基本查询、参数查询、操作查询和 SQL 查询
　　B．多表查询、单表查询、参数查询、操作查询和 SQL 查询
　　C．选择查询、交叉表查询、参数查询、操作查询和 SQL 查询
　　D．选择查询、汇总查询、参数查询、操作查询和 SQL 查询

3. 查询的结果是一组数据记录，称之为（　　）。
　　A．结果集　　　　　　B．动态集　　　　　　C．参数集　　　　　　D．记录集

4. （　　）查询是利用表中的行和列来统计数据的。
　　A．选择查询　　　　　B．交叉表查询　　　　C．参数查询　　　　　D．SQL 查询

5. 利用对话框提示用户输入查询条件（如通过输入的学号查询学生信息），这样的查询属于（　　）。
　　A．选择查询　　　　　B．参数查询　　　　　C．操作查询　　　　　D．SQL 查询

6. 下列查询中，（　　）查询的结果不是动态集合，而是执行指定的操作，如增加、修改、删除记录等。
　　A．选择　　　　　　　B．交叉　　　　　　　C．操作　　　　　　　D．参数

7. 下面显示的是查询设计视图，从设计视图所示的内容中判断此查询将显示（　　）。
　　A．出生日期字段值　　　　　　　　　　B．所有字段值
　　C．除出生日期以外的所有字段值　　　　D．雇员 ID 字段值

8．若要查询职称为教授或副教授的记录，应选择的准则是（　　　）。

  A．"教授" And "副教授"　　　　　　　　B．"教授" Or "副教授"

  C．"教授" 或 "副教授"　　　　　　　　　D．"教授"+"副教授"

9．要查询学生编号第 3 个和第 4 个字符为 03 的记录的准则是（　　　）。

  A．Mid([学生编号],3,2)="03"　　　　　　B．Mid([学生编号],3,4)="03"

  C．Mid([学生编号],4,3)="03"　　　　　　D．Mid([学生编号],4,2)="03"

10．将用于分组字段的"总计"行设置成（　　　），可以对记录进行分组统计。

  A．Where　　　　　B．Group By　　　　　C．Order By　　　　　D．Last

11．需要指定行标题和列标题的查询是（　　　）。

  A．参数查询　　　　B．交叉表查询　　　　C．标题查询　　　　D．操作查询

12．若查询的设计如下，则查询的功能是（　　　）。

  A．统计尚未完成，无法进行统计

  B．统计班级信息仅含 Null(空)值的记录个数

  C．统计班级信息不包括 Null(空)值的记录个数

  D．统计班级信息包括 Null(空)值全部记录个数

13．创建单参数查询时，在设计网格区中输入"准则"单元格的内容即为（　　　）。

  A．查询字段的字段名　　　　　　　　　B．用户任意指定的内容

  C．查询的条件　　　　　　　　　　　　D．参数对话框中的提示文本

14．如果在数据库中已有同名的表，要通过查询覆盖原来的表，应该使用的查询类型是（　　　）。

  A．删除　　　　　B．追加　　　　　C．生成表　　　　　D．更新

15．在"教师"表中"职称"字段可能的取值为教授、副教授、讲师和助教。要查找职称为教授或副教授的教师，错误的语句是（　　　）。

  A．Select * From 教师表 Where (InStr([职称],"教授")<>0);

  B．Select * From 教师表 Where (Right([职称],2)="教授");

  C．Select * From 教师表 Where ([职称]="教授");

  D．Select * From 教师表 Where InStr([职称],"教授")=1 or InStr([职称],"教授")=2;

16．若要将"产品"表中所有供货商是"ABC"的产品单价下调 50 元，正确的 SQL 语句是（　　　）。

  A．Update From 产品 Set 单价=单价-50 Where 供货商="ABC"

  B．Update 产品 Set 单价=单价-50 Where 供货商="ABC"

  C．Update From 产品 Set 单价=50 Where 供货商="ABC"

  D．Update 产品 Set 单价= 50 Where 供货商="ABC"

二、填空题

1. 利用查询可以建立一个新表，这样的查询称为_____。
2. 使用向导创建交叉表查询时，行标题最多可以选择_____个。

解析

一、选择题

1. 答案：D。创建查询时，查询的数据源可以是表也可以是已经建好的查询的结果集。
2. 答案：C。
3. 答案：A。
4. 答案：B。
5. 答案：B。参数查询就是在查询时要求输入参数的实际值，然后根据实际值查询出需要的结果集。
6. 答案：C。操作查询就是对数据表内容的修改。
7. 答案：B。*代表的是所有记录。
8. 答案：B。"教授"或者"副教授"，这两个字符串用"Or"运算符连接。
9. 答案：A。Mid( )函数的格式是 Mid(string, start As Long, [length])。
10. 答案：B。分组字段要统计必须先按照分组字段分组，所以选择 Group By。
11. 答案：B。
12. 答案：C。
13. 答案：A。
14. 答案：C。追加查询并不覆盖原表。
15. 答案：C。C选项只能查询"教授"职称的记录。
16. 答案：B。

二、填空题

1. 答案：生成表查询。生成表查询是利用一个或多个表中的全部或部分数据建立新表，其主要应用于创建表的备份，创建从指定时间显示数据的报表，创建包含旧记录的历史表等。
2. 答案：3。使用向导创建交叉表查询时，行标题最多可以选择 3 个字段，而列标题只能选择 1 个字段。

第六章　窗　　体

一、选择题

1. （　　）不是窗体的组成部分。
   A．窗体页眉　　　　B．窗体页脚　　　　C．主体　　　　D．窗体设计器
2. 自动创建的窗体不包括（　　）。
   A．纵栏式　　　　　B．新奇式　　　　　C．表格式　　　　D．数据表
3. 创建一个可以将数据进行分组的窗体，用（　　）操作最合适。
   A．图表向导　　　　　　　　　　　B．窗体向导
   C．自动创建窗体：纵栏式　　　　　D．自动创建窗体：表格式

4．下面关于窗体的叙述中错误的是（　　）。

    A．可以接收用户输入的数据或命令　　　　B．可以编辑、显示数据库中的数据

    C．可以构造方便、美观的输入/输出界面　　D．直接存储数据

5．Access 窗体由多个部分组成，每个部分称为一个（　　）。

    A．件　　　　　　　　B．窗体　　　　　　　　C．节　　　　　　　　D．页

6．数据库中可以定义自己的"窗体"，它的主要功能是（　　）、数据显示与打印、控制程序的执行。

    A．查看数据　　　　　B．数据的输入　　　　　C．数据的输出　　　　D．数据的比较

7．（　　）不是窗体的控件。

    A．表　　　　　　　　B．签　　　　　　　　C．文本框　　　　　　D．组合框

8．用自动创建窗体方法创建的窗体能使用（　　）张表中的数据。

    A．仅一　　　　　　　B．两　　　　　　　　C．仅三　　　　　　　D．多

9．纵栏式窗体同一时刻（或同一屏幕）可以显示（　　）。

    A．一条记录　　　B．两条记录　　　　C．三条记录　　　　D．多条记录

10．下列选项不属于窗体类型的是（　　）。

    A．纵栏式窗体　　　B．表格式窗体　　　C．模块式窗体　　　D．数据表式窗体

11．用于创建窗体或修改窗体的窗口是窗体的（　　）。

    A．设计视图　　　　B．窗体视图　　　　C．数据表视图　　　D．透视表视图

12．可以作为窗体记录源的是（　　）。

    A．表　　　　　　　B．查询　　　　　　C．Select 语句　D．表、查询或 Select 语句

13．下面关于列表框和组合框的叙述正确的是（　　）。

    A．列表框和组合框可以包含一列或几列数据

    B．可以在列表框中输入新值，而组合框不能

    C．可以在组合框中输入新值，而列表框不能

    D．在列表框和组合框中均可以输入新值

14．窗口事件是指操作窗口时所引发的事件，下列事件不属于窗口事件的是（　　）。

    A．打开　　　　　　B．关闭　　　　　　C．加载　　　　　　D．取消

15．为窗体上的控件设置【Tab】键的顺序，应选择"属性表"中的（　　）。

    A．"格式"选项卡　B．"数据"选项卡　　C．"事件"选项卡　D．"其他"选项卡

16．"特殊效果"属性值用于设定控件的显示效果，下列不属于"特殊效果"属性值的是（　　）。

    A．平面　　　　　　B．凸起　　　　　　C．蚀刻　　　　　　D．透明

17．在显示具有（　　）关系的表或查询中的数据时，子窗体特别有效。

    A．一对一　　　　　B．多对多　　　　　C．一对多　　　　　D．复杂

18．有效性规则主要用于（　　）。

    A．限定数据的类型　　　　　　　　　　　B．限定数据的格式

    C．设置数据是否有效　　　　　　　　　　D．限定数据取值范围

19．表格式窗体同一时刻能显示（　　）。

    A．1 条记录　　　B．2 条记录　　　　C．3 条记录　　　　D．多条记录

20．属于交互式控件的是（　　）。

    A．标签控件　　　　B．文本框控件　　　C．命令按钮控件　　D．图像控件

21．不是窗体文本框控件的"格式"属性选项的是（　　）。

A．标题   B．可见性   C．前景颜色   D．背景颜色

22．为窗口中的命令按钮设置单击鼠标时发生的动作，应选择设置其"属性表"中的（   ）。

A．"格式"选项卡   B．"事件"选项卡

C．"方法"选项卡   D．"数据"选项卡

23．要改变窗体上文本框控件的数据源，应设置的属性是（   ）。

A．记录源   B．控件来源   C．筛选查询   D．默认值

24．Access 的控件对象可以设置某个属性来控制对象是否可用（不可用时显示为灰色状态）。需要设置的属性是（   ）。

A．Default   B．Cancel   C．Enabled   D．Visible

二、填空题

1．窗体中的数据来源主要包括表和_____。

2．纵栏式窗体将窗体中的一个显示记录按列分隔，每列的左边显示_____，右边显示字段内容。

3．组合框和列表框的主要区别是：是否可以在框中_____。

4．计算型控件用_____作为数据源。

5．窗体可分为多页窗体、_____和子窗体 3 种类型。

6．窗体通常由页眉、页脚及_____三部分组成。

7．Access 数据库中，如果在窗体上输入的数据总是取自表或查询中的字段数据，或者取自某固定内容的数据，可以使用_____控件来完成。

解析

一、选择题

1．答案：D。本题考查窗体组成部分的知识。

2．答案：B。本题考查自动创建窗体的几种方式，显然没有"新奇式"窗体，故答案选 B。

3．答案：B。本题考查窗体中的排序与分组，显然 B 选项"窗体向导"最合适，其中就有这项功能，故答案选 B。

4．答案：D。本题考查窗体的使用及基本概念，其中 D 选项"直接存储数据"说法不正确，窗体只可以显示数据，不可以直接存储数据，故答案选 D。

5．答案：C。本题考查窗体的基本概念。

6．答案：B。本题考查窗体的基本概念。

7．答案：A。本题考查窗体的基本概念。

8．答案：A。本题考查窗体的基本概念。

9．答案：A。本题考查纵栏式窗体的一些基本特性。

10．答案：C。本题考查窗体的类型。

11．答案：A。本题考查几类窗体设计视图的一些基本特性。

12．答案：D。本题考查作为窗体记录源的几种类型，表、查询或 XLM 语句都可以作为记录源。

13．答案：C。本题考查列表框和组合框的区别，即可以在组合框中输入新值，而列表框不能。

14．答案：D。本题考查窗体的事件，取消是一个操作，不是事件。

15. 答案：D。本题考查窗体控件属性的设置。
16. 答案：D。本题考查窗体控件属性"特殊效果"属性值。
17. 答案：C。
18. 答案：D。本题考查有效性规则的作用。
19. 答案：D。本题考查表格式窗体的显示特性。
20. 答案：B。本题考查各类控件的特性，其中只有文本框控件是交互式控件。
21. 答案：A。本题考查窗体文本框的"格式"属性，没有"标题"属性。
22. 答案：B。本题考查命令按钮"单击"事件的属性设置。
23. 答案：B。本题考查文本框控件的数据源属性设置，应该设置控件来源。
24. 答案：C。本题考查文本框控制对象是否可用属性设置，应该设置"Enabled"属性。

二、填空题

1. 答案：查询。
2. 答案：字段名称。
3. 答案：输入数据值。
4. 答案：表达式。
5. 答案：连续窗体。
6. 答案：主体。
7. 答案：组合框。

第七章　报　　表

一、选择题

1. 要设置在报表每一页底部都输出的信息，需要设置（　　　）。
　　A．报表页眉　　　　　　　　B．报表页脚　　　　　C．页面页脚　　　　　　　D．页面页眉
2. 不是报表视图的是（　　　）。
　　A．设计视图　　　　　　　　　　　　　　　　B．页面视图
　　C．打印预览视图　　　　　　　　　　　　　　D．版面预览视图
3. 以下关于报表的叙述，正确的是（　　　）。
　　A．报表只能输入数据　　　　　　　　　　　　B．报表只能输出数据
　　C．报表可以输入和输出数据　　　　　　　　　D．报表不能输入和输出数据
4. 将表中的数据打印成统计表，用（　　　）最合适。
　　A．表向导　　　　　　　　　　　　　　　　　B．数据库向导
　　C．查询向导　　　　　　　　　　　　　　　　D．报表向导
5. 要设置只在报表最后一页的主体内容之后输入的信息，需要设置（　　　）。
　　A．报表页眉　　　　　　　　B．报表页脚　　　　　C．页面页眉　　　　　D．页面页脚
6. 报表页眉主要用来显示（　　　）。
　　A．标题　　　　　　　　B．数据　　　　　　　　C．分组名称　　　　D．汇总说明
7. 要显示格式为"页码/总页数"的页码，应当设置文本框的"控件来源"属性值为（　　　）。
　　A．[Page]/[Pages]　　　　　　　　　　　　　B．=[Page]/[Pages]
　　C．[Page]&"/"&[Pages]　　　　　　　　　　　D．=[Page]&"/"&[Pages]

8. 下列有关报表的叙述，（　　）是不正确的。

A. 报表是输出检索到的信息的常用格式，可以显示或打印

B. 报表可以包括计算（如统计、求和等）、图表、图形及其他特性

C. 报表可用于进行数据的输入、显示及应用程序的执行控制

D. 报表可以基于数据表或查询结果集

9. 如果设置报表上的某个文本框的控件来源为"=2*3+1"，则打开报表视图时，该文本框的显示信息是（　　）。

A. 未绑定　　　　　B. 7　　　　　C. 2*3+1　　　　　D. 出错

10. 在设置报表格式时，若想设置多个控件格式，可以按住（　　），并单击这些控件。

A.【Ctrl】键　　　B.【Shift】键　　C.【Enter】键　　D.【Tab】键

11. Access 中创建报表的方式有（　　）。

A. 使用"自动报表"功能　　　　　B. 使用向导功能

C. 使用设计视图　　　　　　　　D. 以上都是

12. 用于实现报表的分组统计数据的操作区间的是（　　）。

A. 报表的主体区域

B. 页面页眉或页面页脚区域

C. 报表页眉或报表页脚区域

D. 组页眉或组页脚区域

13. 关于报表数据源的设置，以下说法正确的是（　　）。

A. 可以是任意对象　　　　　　　B. 只能是表对象

C. 只能是查询对象　　　　　　　D. 只能是表对象或查询对象

14. 在报表设计中，以下可以做绑定控件显示字段数据的是（　　）。

A. 文本框　　　　　B. 标签　　　　C. 命令按钮　　　D. 图像

15. 要在文本框中显示当前日期和时间，应当设置文本框的"控件来源"属性为（　　）。

A. =Date( )　　　　B. =Time( )　　　C. =Now( )　　　D. =Year( )

16. 计算控件的"控件来源"属性计算表达式设置一般为开头的（　　）。

A. 双引号　　　　　B. 等号　　　　C. 括号　　　　　D. 字母

17. 报表可以对数据源中的数据所做的操作为（　　）。

A. 修改　　　　　　B. 显示　　　　C. 编辑　　　　　D. 删除

18. 一个报表最多可以对（　　）个字段或表达式进行分组。

A. 6　　　　　　　B. 8　　　　　　C. 10　　　　　　D. 16

19. 主报表是基于（　　）创建的报表。

A. 表　　　　　　B. 查询　　　　C. 具有主键的表　D. 对集

20. 如果要设置整个报表的格式，应单击相应的（　　）。

A. 报表选定器　　　　　　　　　B. 报表设计器

C. 节选定器　　　　　　　　　　D. 报表设计器或报表背景

21. 如果将窗体背景图片存在到数据库文件中，则在"图片类型"属性框中应指定方式为（　　）。

A. 嵌入　　　　　　B. 链接　　　　C. 嵌入或链接　　D. 任意

22. 如果想按实际大小显示报表背景图片，则在报表属性中"图片缩放模式"属性应设置为创建的报表（　　）。

A. 拉伸　　　　　　B. 剪裁　　　　C. 缩放　　　　　D. 平铺

23. 在报表设计的工具栏中，用于修饰版面以达到更好显示效果的控件是（　　　）。

　　A. 直线和矩形　　　　B. 直线和圆形　　C. 直线和多边形　D. 矩形和圆形

二、填空题

1. 可以建立多层的组页眉及组页脚，但层次不能太多，一不超过_____层。

2. 完整报表设计通常由报表页眉、页面页眉、页面页脚、_____、组页眉和组页脚 7 个部分组成。

3. 报表页眉的内容只在报表的_____打印输出。

4. 目前比较流行的报表有 4 种，它们是纵栏报表、表格式报表、_____和标签报表。

5. 报表数据输出不可缺少的内容是_____的内容。

6. Access 中，"自动创建报表"向导分为纵栏式和_____两种。

7. 报表不能对数据源中的数据_____。

8. 按照需要可以将报表以_____方式命名保存在数据库中。

9. 在报表设计中，可以通过添加_____控件来控制另起一页输出显示。

解析

一、选择题

1. 答案：C。本题考查报表页面页脚的功能。

2. 答案：B。本题考查报表的设计视图的类型。

3. 答案：B。本题考查报表的主要功能，即报表只能输出数据。

4. 答案：D。本题考查报表的主要功能，适合统计打印。

5. 答案：B。本题考查报表的报表页脚的功能。

6. 答案：A。本题考查报表的报表页眉的功能。

7. 答案：D。本题考查在文本框中写显示页码的表达式，表达式必须以 "=" 开头，并且根据题意，页码和总页码都是变化的值，只能通过系统提供的[Page]和[Pages]来实现，中间还有一 "/" 字符，故必须用 "&" 字符串连接运算符连接，故答案选 D。

8. 答案：C。本题考查报表的一些基本概念，其中 C 选项报表不可以用来进行数据的输入。

9. 答案：B。本题考查表达式的运算，由题意知在文本框的控件来源中输入 "=2*3+1"，在运行此报表时，将会在文本框显示表达式的计算结果，应该显示 7，故答案选 C。

10. 答案：A。本题考查如何将多个控件同时选中。

11. 答案：D。本题考查创建报表的方式。

12. 答案：D。本题考查报表中组页眉或组页脚的主要功能，即实现报表的分组统计数据。

13. 答案：D。本题考查报表数据源设置，只能是表对象或查询对象。

14. 答案：A。本题考查控件的特性，文本框可以做绑定控件显示字段数据，其他的不能。

15. 答案：C。本题考查几个系统函数的功能，Date( )函数用来显示系统的日期，Time( )函数用来显示系统的时间，Now( )函数用来显示系统的日期和时间，而 Year( )函数用来显示系统的年份，故答案选 C。

16. 答案：B。本题考查计算控件表达式的书写格式，一般以 "=" 为开头。

17. 答案：B。

18. 答案：B。本题考查报表进行分组时的限制。

19. 答案：C。本题考查主报表的特性。

20. 答案：D。本题考查报表属性的设置。
21. 答案：A。本题考查"图片类型"属性的设置，若要保存，就必须选"嵌入"。
22. 答案：B。本题考查"图片绽放模式"属性的设置，若按实际大小显示报表背景图片，就必须选"剪裁"。
23. 答案：B。

二、填空题

1. 答案：3～6。
2. 答案：主体。
3. 答案：第一页的顶部。
4. 答案：图表报表。
5. 答案：主体节。
6. 答案：表格式。
7. 答案：编辑修改。
8. 答案：对象。
9. 答案：分页符。

第八章　宏

一、选择题

1. 以下关于宏的说法不正确的是（　　　）。
   A．宏能够一次完成多个操作
   B．每一个宏命令都是由动作名和操作参数组成的
   C．宏可以是很多宏命令组成在一起的宏
   D．宏是用编程的方法来实现的

2. 要限制宏命令的操作范围，可以在创建宏时定义（　　　）。
   A．宏操作对象　　　　　　　　B．宏条件表达式
   C．窗体或报表控件属性　　　　D．宏操作目标

3. 用于显示消息框的宏命令是（　　　）。
   A．SetWarnings　　　　　　　B．SetValue
   C．MsgBox　　　　　　　　　D．Beep

4. 以下数据库对象可以一次执行多个操作的是（　　　）。
   A．数据访问页　　　　　　　　B．菜单
   C．宏　　　　　　　　　　　　D．报表

5. 在模块中执行宏"macro1"的格式为（　　　）。
   A．Function.RunMacro MacroName　　B．DoCmd.RunMacro macro1
   C．Sub.RunMacro macro1　　　　　　D．RunMacro macro1

6. 在条件宏设计时，对于连续重复的条件，可以代替的符号是（　　　）。
   A．…　　　　　　B．=　　　　　　C．,　　　　　　D．;

7. 在一个宏的操作序列中，如果既包含带条件的操作，又包含无条件的操作。则带条件的操作是否执行取决于条件式的真假，而没有指定条件的操作则会（　　　）。

A．无条件执行 B．有条件执行 C．不执行 D．出错

8．为窗体或报表上的控件设置属性值的正确宏操作命令是（ ）。

A．Set B．SetData C．SetWarnings D．SetValue

9．宏是指一个或多个（ ）的集合。

A．命令 B．操作 C．对象 D．条件表达式

10．使用（ ）可以决定在某些情况下运行宏时，某个操作是否进行。

A．函数 B．表达式 C．条件表达式 D．If…Then 语句

11．用于打开查询的宏操作命令是（ ）。

A．OpenForm B．OpenReport C．OpenQuery D．OpenTable

12．下图为新建的一个宏组，以下描述错误的是（ ）。

A．该宏组由 macor1 和 macro2 两个宏组成

B．宏 macor1 由两个操作步骤（打开窗体、关闭窗体）组成

C．宏 macro1 中 OpenForm 命令打开的是"教师自然情况"窗体

D．宏 macro2 中 Close 命令关闭了"教师自然情况"和"教师工资"两个窗体

二、填空题

1．如果要引用宏组中的宏，语法是_____。

2．Access 为很多对象提供了创建的向导工具，但在其支持的 6 种对象中_____和模块的创建没有向导工具。

3．要使数据库打开时自动打开某一窗体，可以建立一个自动宏来打开这个窗体，该宏名为_____。

4．宏的设计视图默认时分为_____、_____两列。通常情况下隐藏了_____、_____两列。

5．有多个操作构成的宏，执行时是按_____执行的。

解析

一、选择题

1．答案：D。在创建宏时，可以通过宏的设计窗口，在该窗口的操作列选择动作名，在属性窗口输入操作参数，在条件列编辑条件，在宏名列输入宏名等实现宏的设计和创建，不需要编程。

2．答案：B。宏条件表达式限制了该宏命令的操作范围。

3．答案：C。SetWarnings 操作可以打开或关闭系统消息，防止在出现模式警告和消息框时停止宏的运行，不能输入任意的消息。SetValue 命令用于设置控件或字段的值或属性，MsgBox 命令用于弹出消息框，Beep 用于使计算机发出嘟嘟声。

4．答案：C。宏对象可以通过设置多个操作命令在一个宏中完成多个操作。数据访问页、报表一次只能执行一个操作，要么执行打开操作，要么执行关闭操作等。菜单不是数据库对象。

5．答案：B。从另一个宏或 Microsoft Visual Basic 过程中运行宏，要向宏或过程中添加 RunMacro 操作，而且在 Visual Basic 过程中添加 RunMacro 操作，必须在过程中添加 DoCmd 对象并调用 RunMacro 方法，并指定要运行的宏名，如：DoCmd.RunMacro "My Macro"。

6．答案：A。运行宏时，Microsoft Access 将求出第一个条件表达式的结果。如果这个条件的结果为真，Microsoft Access 就会执行此行所设置的操作，以及紧接着此操作、且在"条件"列内前加省略号（…）的所有操作。然后，Microsoft Access 将执行宏中所有其他"条件"列为空的操作，直到到达另一个表达式、宏名或宏的结尾为止。如果条件的结果为假，Microsoft Access 则会忽略相应的操作，以及紧接着此操作且在"条件"字段内前加省略号（…）的操作，并且移到下一个包含其他条件或"条件"列为空的操作行。

7．答案：A。宏的操作序列中，带条件的操作，条件只限制该条操作本身，其他行的操作序列不受该条件的影响。

8．答案：D。Set 和 SetData 不是宏命令，SetWarnings 用于打开或关闭系统消息，只有 SetValue 用于设置控件或字段的值或属性值。

9．答案：B。宏是由一个或多个操作组成的集合，其中每个操作都实现特定的功能，如打开某个窗体或打印某个报表。

10．答案：C。某些情况下，可能希望仅当特定条件成立时才执行宏中的一个或一系列操作，在这种情况下，可以使用条件来控制宏的流程。

11．答案：C。OpenForm 命令用于打开"窗体"，OpenReport 命令用于打开"报表"，OpenTable 命令用于打开"表"，OpenQuery 用于打开"查询"。

12．答案：D。Close 命令用于关闭指定的窗口，如果无指定的窗口则关闭当前被激活的对象，macro2 中 Close 命令只关闭"教师工资"窗体。

二、填空题

1．答案：宏组.宏名。保存宏组时，指定的名称是宏组的名称。每当引用宏组中的宏时，使用"宏组名.宏名"的引用方法。

2．答案：宏。Access 中包含表、查询、窗体、报表、页、宏和模块 6 种对象，除了宏和模块不能用向导创建之外，其他 4 种对象 Access 都提供了创建的向导工具。

3．答案：AutoExec。Access 中将宏命名为"AutoExec"，则该宏就可以在打开数据库并完成数据库已设置的"启动"选项之后自动运行。在打开数据库时，按下"忽略"键（Shift），就可以避免"AutoExec"宏的自动运行。

4．答案：操作、注释、宏名、条件。单击"新建"按钮，打开宏默认的设计视图窗口，可以看到该窗口只能看到"操作"和"注释"列，其他列默认都被隐藏了。如果想添加"宏名"或"条件"，必须执行"视图"→"宏名"命令或"视图"→"条件"命令，将"宏名"列或"条件"列显示出来。

5．答案：列表上的顺序。如果一个宏中包含多个操作，Microsoft Access 将按照列表上的顺序执行操作。

第九章　SharePoint 网站

一、选择题

1．下列有关 SharePoint 的说法，不正确的是（　　　）。
    A．SharePoint Services 技术提供了一个基础结构，允许在 Intranet 上共享信息
    B．SharePoint 主要安装在 Intranet 上，实现在网络上共享信息
    C．SharePoint 服务器端一定存在一个 Access 数据库，供客户端使用
    D．SharePoint Services 技术在 SharePoint 数据源和使用该数据的应用程序之间提供一个接口

2．Access 2007 允许使用 SharePoint 列表默认的类型有（　　　）。
    A．联系人   B．任务   C．事件   D．订单数

二、填空题

SharePoint Service 和 Access 安装之间的连接可以建立在_____连接上，可以给 Access 提供_____。

解析

一、选择题

1．答案：C。SharePoint 服务器端一定存在一个数据库，供客户端使用，但不一定是 Access 数据库。

2．答案：D。Access 2007 允许使用 SharePoint 列表默认的类型有联系人、任务、问题和事件。

二、填空题

答案：TCP/IP 外部数据源。这是对 SharePoint 基本原理的理解。

第十章　VBA 编程基础

一、选择题

1．表达式 IsNULL([名字])的含义是（　　　）。

A．没有"名字"字段　　　　　　　　　　　B．"名字"字段值是空值

C．"名字"字段值是空字符串　　　　　　　D．检查"名字"字段名的有效性

答案：B

2．用于获得字符串 Str 从左边数第 2 个字符开始的 3 个字符的函数是（　　　）。

A．Mid(Str,2,3)　　　　B．Middle(Str,2,3)　　　　C．Right(Str,2,3)　　　　D. Left(Str,2,3)

3．有如下程序段：

```
Dim str As String*10
Dim i
Str1="abcdefg"
i=12
len1=Len(i)
str2=Right(str1,4)
```

执行后，len1 和 str2 的返回值分别是（　　　）。

A．12，abcd　　　　　　　　　　　　　B．10，bcde

C．2，defg　　　　　　　　　　　　　　D．0，cdef

4．假定有以下循环结构：

```
Do Until 条件
    循环体
Loop
```

则正确的叙述是（　　　）。

A．如果"条件"值为"假"，则一次循环体也不执行

B．如果"条件"值为"假"，则至少执行一次循环体

C．如果"条件"值不为"假"，则至少执行一次循环体

D．不论"条件"是否为"假"，至少要执行一次循环体

5．假定有以下程序段：

```
n=0
For i=1 to 3
    For j=-4 to -1
        n=n+1
    Next j
Next i
```

运行完毕后，n 的值是（　　　）。

A．0　　　　　　　B．3　　　　　　　C．4　　　　　　　D．12

6．以下关于类模块的说法，不正确的是（　　　）。

A．窗体模块和报表模块都属于类模块，它们从属于各自的窗体或报表

B．窗口模块和报表模块具有局部特性，其作用范围局限在所属窗体或报表内部

C．窗体模块和报表模块中的过程可以调用标准模块中已经定义好的过程

D．窗口模块和报表模块生命周期是伴随着应用程序的打开而开始、关闭而结束的

二、填空题

1．函数 Now( )返回值的含义是_____。

2．建立了一个窗体，窗体中有一命令按钮，单击此按钮，将打开一个查询，查询名为"qT"，如果采用 VBA 代码完成，应使用的语句是_____。

3．三维数组 Array(3,3,3)的元素个数为_____。

4．设有以下窗体"单击"事件过程：

```
Private Sub Form_Click()
    a=1
    For i=1 To 3
      Select Case i
      Case 1,3
        a=a+1
      Case 2,4
        a=a+2
      End Select
    Next i
    MsgBox a
End Sub
```

打开窗体运行后，单击窗体，则消息框的输出内容是_____。

5．在窗体上添加一个命令按钮（名为 Command1）和一个文本框（名为 text1），然后编写如下事件过程：

```
Private Sub Command1_Click()
Dim a As Integer, y As Integer, z As Integer
    x=5 : y = 7 : z = 0
    Me!Text1 =""
    Call p1(x,y,z)
    Me!Text1 =z
End Sub
Sub p1(a As Integer, b As Integer, c As Integer)
    c=a+b
End Sub
```

打开窗体运行后，单击命令按钮，文本框中显示的内容是_____。

6．以下是一个竞赛评分程序。5 位评委，去掉个最高分和一个最低分，计算平均分（设满分为 10 分）。请填空补充完整。

```
Private Sub Form_Click()
    Dim Max as Integer,Min as Integer
    Dim i as Integer,x as Integer,s as Integer
    Dim p as Single
    Max=0
    Min=10
    For i=1 T0 5
      x=Val(InputBox("请输入分数：")
      If _____ Then Max=x
      lf _____ Then Min=x
      s=s+x
     Next i
     s=_____
```

```
    p=s/6
    MsgBox "最后得分: "& p
End Sub
```

解析

一、选择题

1. 答案: B。IsNULL( )函数，返回一个 Boolean 值，该值指示括号内的表达式是否包含无效数据的 Null 数据，即是否为空。

2. 答案: B。Mid(Str,2,3)用于返回 Str 字符串中从第二个字符开始，连续的 3 个字符所组成的新字符串的值。Middle(Str,2,3)不是 VBA 中的合法函数。Right(Str,2,3) 函数用于返回 Str 字符串中从字符串右侧第 2 个字符算起，连续的 3 个字符所组成的新字符串的值。Left(Str,2,3) 函数用于返回 Str 字符串中从字符串左侧第 2 个字符算起，连续的 3 个字符所组成的新字符串的值。

3. 答案: C。Right (string, length)函数返回从字符串右侧算起的指定数量的字符。Right(str1,4)表示取字符串 str1 中从右侧第一个字符算起，连续 4 个字符所组成的新字符串。

4. 答案: B。Do…Until…Loop，该结构是条件式值为假时，立即执行循环，直至条件式值为真，结束循环。

5. 答案: D。当 i=1 时，j=−4 时，n=n+1 即 n=0+1=1，当 i=1 时，j=−3 时，n=n+1 即 n=1+1=2，当 i=1 时，j=−2 时，n=n+1 即 n=2+1=3，当 i=1 时，j=−1 时，n=n+1 即 n=3+1=4，此时 j=−1 内层 For 循环执行完毕继续往下执行，即执行 "next i" 语句，i 的值加 1，i 等于 2，小于 3，所以执行外层 For 循环中循环体的语句，即又重新执行内层 For 循环语句。当 i=2 时，j=−4 时，n=n+1 即 n=4+1=5，当 i=12 时，j=−3 时，n=n+1 即 n=5+1=6，当 i=2 时，j=−2 时，n=n+1 即 n=6+1=7，当 i=2 时，j=−1 时，n=n+1 即 n=7+1=8，此时 j=−1 内层 For 循环执行完毕继续往下执行，即执行 "next i" 语句。i 的值加 1，i 等于 3，又重新执行内层 For 循环语句，内层 For 循环又执行了 4 次，执行完后，n 的值为 12，此时 i 的值加 1，等于 4，大于 3，外层 For 循环也执行完毕。

6. 答案: D。窗体模块和报表模块都属于类模块，它们从属于各自的窗体或报表，所以它们的生命周期也从属于各自的窗体或报表，和应用程序无关。

二、填空题

1. 答案: 系统日期与时间。Now( )返回根据计算机系统日期和时间所指定的当前日期和时间值。需要注意一下的是，Time( )函数返回的是当前的系统的时间值，Date( )函数返回的是当前系统的日期值。

2. 答案: DoCmd.OpenQuery qT。解析: 使用 OpenQuery 操作，可以在数据表视图、设计视图或打印预览中打开选择查询或交叉表查询。该操作将运行一个操作查询。可以为查询选择数据输入方式。若要在 Microsoft Visual Basic 中运行 OpenQuery 操作，必须使用 DoCmd 对象的 OpenQuery 方法。OpenQuery 操作只在 Microsoft Access 数据库环境（.mdb）下才可用。

3. 答案: 64。三维数组 Array(3, 3, 3)，第一个下标的范围是 0~3，第二个下标的范围是 0~3，第三个下标的范围是 0~3，若只改变第一个坐标，第二个坐标和第三个坐标都为 0，则包含元素 Array(0, 0, 0)，Array(1, 0, 0)，Array(2, 0, 0)，Array(3, 0, 0)，有 4 个元素。所以三维数组 Array(3, 3, 3)总共包含的元素个数为 4×4×4=64。

4. 答案: 5。a 的初始值为 1，当 For 循环总共执行 3 次，当 i=1 时，For 执行第一次，此时执行第一条 Case 语句，a=a+1=1+1=2，当 i=2 时，For 执行第二次，此时执行第二条 Case 语句，a=a+2=2+2=4，当 i=3 时，For 执行第三次，此时又执行第一条 Case 语句，a=a+1=4+1=5。

5. 答案：12。单击命令按钮 Command1 后，执行过程 Command1_Click( )，在该过程中 x=5，y=7，z=0，并调用过程 p1，p1 过程所完成的功能是将 x 和 y 的值相加后的和赋值给 z，最后将文本框 text1 的值设置为 z。

6. 答案：x>Max；x<Min；s-Max-Min。第一个空，表示如果输入的分数值大于最大值，则将最大值修改为当前输入的分数值；第二个空，表示如果输入的分数值小于最小值，则将最小值修改为当前输入的分数值；第三个空，表示将 8 位评委的总分数减去最高分和最低分。

第十一章　VBA 高级编程

一、选择题

1. 确定一个控件在窗体或报表上的位置的属性是（　　）。
　　A．Width 或 Height　　　B．Width 和 Height　　　C．Top 或 Left　　　D．Top 和 Left

2. 假定窗体的名称为 finTest，则把窗体的标题设置为"AccessTest"的语句是（　　）。
　　A．Me="AccessTest"　　　　　　　　　　B．Me.Caption="AccessTest"
　　C．Me.Text="AccessTest"　　　　　　　　D．Me.Name="AccessTest"

3. 以下程序段运行后，消息框的输出结果是（　　）。

```
a=sqr(3)
b=sqr(2)
c=a>b
MsgBox c+2
```

　　A．−1　　　　　　　　B．1　　　　　　　　C．2　　　　　　　D．出错

4. 执行语句：MsgBox "AAAA", vbOKCancel+vbQuestion, "BBBB"、之后，弹出的信息框外观样式是（　　）。

A. 　　　　B.

C. 　　　　D.

5. 窗体上添加有 3 个命令按钮，分别命名为 Command1、Command2 和 Command3。编写 Command1 的"单击"事件过程，完成的功能为：当单击按钮 Command1 时，按钮 Command2 可用，按钮 Command3 不可见。以下正确的程序代码是（　　）。

```
A. Private Sub Command1_Click()        B. Private Sub Command1_Click()
       Command2.Visible=True               Command2.Enabled=True
       Command3.Visible=False              Command3.Enabled=False
   End Sub                             End Sub
```

C. `Private Sub Command1_Click()`
　　`Command2. Enabled=True`
　　`Command3.Visible=False`
　　`End Sub`

D. `Private Sub Command1_Click()`
　　`Command2.Visible=True`
　　`Command3.Enabled=False`
　　`End Sub`

6. 如下图所示，窗体中有一个标签和一个命令按钮，名称分别为 Label1 和 bChange。在窗体视图显示该窗体时，要求在单击命令按钮后标签上显示的文字颜色变为红色，以下能实现该操作的语句是（　　　）。

A．Label1.ForeColor=255
B．bChange.ForeColor=255
C．Label1.ForeColor="255"
D．bChange.ForeColor="255"

二、填空题

类是一个支持集成的抽象数据类型，而对象是类的_____。

解析

一、选择题

1. 答案：D。确定一个控件在窗体或报表上的位置的属性是左边距和上边距，即距窗体或报表窗口左顶点的 x 轴和 y 轴的距离。

2. 答案：B。A 选项没有带属性值，C 选项不正确，因为窗体没有 Text 属性，D 选项不正确，因为窗体的 Name 为只读，只有 B 选项正确。

3. 答案：B。a 的值为 3 的平方，b 的值为 2 的平方，c 的值为逻辑值，如果 a>b，则 c 的值为 TRUE，否则 c 的值为 FALSE，TRUE 转换成数字为–1，FALSE 转换成数字为 0，所以，c+2=–1+2=1。

4. 答案：A。MsgBox 的语法为：MsgBox(prompt[, buttons] [, title] [, helpfile, context])，prompt 为在对话框中作为消息显示的字符串表达式，buttons 为按钮的样式，title 为在对话框的标题栏中显示的字符串表达式，若省略，将把应用程序名放在标题栏中，helpfile 标识帮助文件的字符串表达式，帮助文件用于提供对话框的上下文相关帮助。如果提供了 helpfile，还必须提供 context。context 表示帮助的上下文编号的数值表达式，此数字由帮助的作者分配给适当的帮助主题。vbOKCancel 表示显示“确定”和“取消”按钮。vbQuestion 表示显示警告查询图标。vbYesNo 才表示显示“是”和“否”按钮。

5. 答案：C。Visible 属性表示控件是否可见，Enabled 属性表示控件是否可用。

6. 答案：A。Label1 为标签控件，bChange 为按钮控件，颜色值不需要加双引号。

二、填空题

答案：实例。类是某种抽象数据的集合，对象是类的一个实例。

第三部分　上机模拟题

第一套

基本操作题

在本书素材\上机题库\1 文件夹下，"samp1.accdb"数据库文件中已建立了表对象"tNorm"。试按以下操作要求，完成表的编辑。

（1）设置"产品代码"字段为主键。

（2）将"单位"字段的"默认值"设置为"只"，"字段大小"属性改为"1"。

（3）删除"规格"字段值为"220V-4W"的记录。

（4）删除"备注"字段。

（5）将"最高储备"字段大小改为长整型，"最低储备"字段大小改为整型。

（6）将"出厂价"字段的"格式"属性设置为货币显示形式。

答案提示

本题考查考生对 Access 中表的基本操作。

（1）这一步考查设置主键的操作，具体步骤如下。

① 打开"samp1.accdb"，右击"tNorm"表对象，在弹出的快捷菜单中执行"设计视图"命令，打开"tNorm"表的设计视图，如图 3.1.1 所示。

图 3.1.1 "tNorm"表的设计视图

② 选中"产品代码"字段，执行"设计"→"工具"→"主键"命令，或者右击"产品代码"字段，在弹出的快捷菜单中执行"主键"命令。

③ 单击快速访问工具栏上的"保存"按钮，保存表的修改。

（2）这一步考查设置属性的操作，具体步骤如下。

① 打开"tNorm"表的设计视图。

② 单击"单位"字段，在"字段属性"区中单击"默认值"属性框，输入""只""；单击"字段大小"属性框，输入"1"，如图 3.1.2 所示。

图 3.1.2　"单位"字段的属性设置

③ 单击快速访问工具栏上的"保存"按钮，保存表的修改。

（3）这一步考查删除记录的操作，具体步骤如下。

① 执行"设计"→"视图"→"视图"→"数据表视图"命令，打开"tNorm"表的数据表视图。

② 单击"规格"字段为"220V－4W"的记录所在行中的任意位置，右击，在弹出的快捷菜单中执行"删除记录"命令，弹出删除记录提示对话框。

③ 单击"是"按钮，则删除了该记录。

④ 单击快速访问工具栏上的"保存"按钮，保存表的修改。

（4）这一步考查修改表结构的操作，具体步骤如下。

① 执行"设计"→"视图"→"视图"→"数据表视图"命令，打开"tNorm"表的数据表视图。

② 将光标移到"备注"字段的位置上，右击，在弹出的快捷菜单中执行"删除行"命令，弹出删除字段提示对话框。

③ 单击"是"按钮，则删除了该字段。

④ 单击快速访问工具栏上的"保存"按钮，保存表的修改。

（5）这一步考查设置字段属性的操作，具体步骤如下。

① 打开"tNorm"表的设计视图。

② 单击"最高储备"字段，在"字段属性"区中单击"字段大小"属性框，选择"长整型"选项；单击"最低储备"字段，在"字段属性"区中单击"字段大小"属性框，选择"整型"选项。

③ 单击快速访问工具栏上的"保存"按钮，保存表的修改。

（6）这一步考查设置字段属性的操作，具体步骤如下。

① 打开"tNorm"表的设计视图。

② 单击"出厂价"字段，在"字段属性"区中单击"格式"属性框，选择"货币"选项。

③ 单击快速访问工具栏上的"保存"按钮，保存表的修改。

简单应用题

在本书素材\上机题库\1 文件夹下，"samp2.accdb"数据库文件中已经设计好了两个表对象"tNorm"和"tStock"。试按以下要求完成设计。

（1）创建一个查询，查找并显示每种产品的"产品名称"、"库存数量"、"最高储备"和"最低储备"4 个字段的内容，所建查询命名为"qT1"。

（2）创建一个查询，查找库存数量超过 10000（不含 10000）的产品，并显示"产品名称"和"库存数量"。所建查询命名为"qT2"。

（3）创建一个查询。按输入的产品代码查找某产品库存信息，并显示"产品代码"、"产品名称"和"库存数量"。当运行该查询时，应显示提示信息："请输入产品代码："。所建查询命名为"qT3"。

（4）创建一个交叉表查询，统计并显示每种产品不同规格的平均单价，显示时行标题为产品名称，列标题为规格，计算字段为单价，所建查询命名为"qT4"。

注意：交叉表查询不做各行小计。

答案提示

本题考查考生对 Access 中创建查询的操作。查询是对数据库表中的数据进行查找，同时产生一个类似于表的结果。创建查询的方法有很多，可以手工在设计视图中逐步创建，也可以使用查询向导创建。

（1）本题便使用查询向导创建查询，过程如下。

① 打开数据库文件"samp2.accdb"，执行"创建"→"查询"→"查询向导"命令，打开查询向导。

② 在"新建查询"对话框中，选择"简单查询向导"选项，打开"简单查询向导"，选择查询中要使用的字段。首先，在"表/查询"下拉列表中选择"表：tStock"选项，从"可用字段"列表中将"产品名称"和"库存数量"字段移动到"选定字段"列表中；然后，在"表/查询"下拉列表中选择"表：tNorm"选项，从"可用字段"列表中将"最高储备"和"最低储备"字段移动到"选定字段"列表中。单击"下一步"按钮。

③ 选中"明细"单选按钮，单击"下一步"按钮，在向导最后一步中，为该查询指定名称为"qT1"，单击"完成"按钮。

（2）本题在设计视图中创建查询，过程如下。

① 打开数据库文件"samp2.accdb"，执行"创建"→"查询"→"查询设计"命令。

② 在"显示表"对话框中单击"表"选项卡，单击"tstock"表，然后单击"添加"按钮，最后单击"关闭"按钮。

③ 分别双击"产品名称"和"库存数量"字段。

④ 按照题目要求，在"库存数量"字段列的"条件"行单元格中输入">1000"。

⑤ 单击快速访问工具栏上的"保存"按钮，这时弹出"另存为"对话框，在"查询名称"文本框中输入"qT2"，然后单击"确定"按钮。

（3）本题考查创建参数查询，过程如下。

① 打开数据库文件"samp2.accdb"，执行"创建"→"查询"→"查询设计"命令。

② 在"显示表"对话框中单击"表"选项卡，单击"tstock"表，然后单击"添加"按钮，最后单击"关闭"按钮。

③ 分别双击"产品代码"、"产品名称"和"库存数量"字段，在"产品代码"字段列的"条件"行单元格中输入"[请输入产品代码：]"。

④ 单击快速访问工具栏上的"保存"按钮，这时弹出"另存为"对话框，在"查询名称"文本框中输入"qT3"，然后单击"确定"按钮。

⑤ 运行此查询出现一个输入参数的对话框，可按照题目要求输入产品代码进行查询。

（4）本题考查创建交叉表查询，创建交叉表查询有两种方法：查询向导和查询设计视图，本题使用查询向导来创建交叉表查询。过程如下。

① 打开数据库文件"samp2.accdb"，执行"创建"→"查询"→"查询向导"命令。在"新建查询"对话框中选择"交叉表查询向导"选项，然后单击"确定"按钮。

② 这时屏幕上显示"交叉表查询向导"。

③ 选择"表：tStock"选项，单击"下一步"按钮。

④ 选择"产品名称"字段，单击"下一步"按钮。

⑤ 选择"规格"字段，单击"下一步"按钮。

⑥ 在"字段"列表中选择"单价"字段，在"函数"列表中选择"平均"函数，取消选中"是，包括各行小计"复选框。单击"下一步"按钮。

⑦ 在向导最后一步中，为该查询指定名称为"qT4"，单击"完成"按钮。

综合应用题

在本书素材\上机题库\1 文件夹下，"samp3.accdb"数据库文件中已经设计好了表对象"tNorm"和"tStock"，查询对象"qStock"和宏对象"m1"，同时还设计出以"tNorm"和"tStock"，为数据源的窗体对象"fStock"和"fNorm"。试在此基础上按照以下要求补充窗体设计。

（1）在"fStock"窗体对象的窗体页眉中添加一个标签控件，其名称为"bTitle"，初始化标题显示为"库存浏览"，字体名称为"黑体"，字号大小为"18"，字体粗细为"加粗"。

（2）在"fStock"窗体对象的窗体页眉中添加一个命令按钮控件，命名为"bList"，按钮标题为"显示信息"。

（3）设置所建命令按钮"bList"的"单击"事件属性为运行宏对象"m1"。

（4）将"fStock"窗体的标题设置为"库存浏览"。

（5）将"fStock"窗体对象中的"fNorm"子窗体的导航按钮去掉。

注意：不允许修改窗体对象中未涉及的控件和属性；不允许修改表对象"tNorm"、"fStock"和宏对象"m1"。

答案提示

本题考查窗体的创建和编辑等操作。窗体是 Access 数据库中的一种对象，通过窗体，用户可以方便地输入数据、编辑数据、显示和查询表中的数据。

（1）在窗体页眉中添加标签控件的具体步骤如下。

① 右击"fStock"窗体对象，在弹出的快捷菜单中执行"设计视图"命令，打开窗体"fStock"的设计视图，在窗体页眉中添加标签控件，并输入"库存浏览"。

② 按照题目要求设置相关属性：选中标签控件，执行"设计"→"工具"→"属性表"命令，打开"属性表"窗口，在"名称"属性框中输入"bTitle"；类似地，选择对应文本格式，文本格式为：黑体，18 号，加粗，如图 3.1.3 所示。

图 3.1.3 "bTitle"属性

③ 单击快速访问工具栏上的"保存"按钮保存对窗体的修改。

（2）在窗体页脚中添加命令按钮控件的具体步骤如下。

① 打开窗体"fStock"的设计视图，执行"设计"→"控件"→"命令按钮"命令，此时打开"命令按钮向导"，单击"取消"按钮。

② 按照题目要求设置相关属性：选中上述命令按钮，执行"设计"→"工具"→"属性表"命令，打开"属性表"窗口，设置"标题"属性为"显示信息"，"名称"属性为"bList"。

③ 单击快速访问工具栏上的"保存"按钮保存对窗体的修改。

（3）设置命令按钮单击时运行宏"m1"的具体步骤如下。

① 打开窗体"fStock"的设计视图，选中命令按钮"bList"，执行"设计"→"工具"→"属性表"命令，打开"属性表"窗口。

② 在"属性表"窗口中单击"事件"选项卡，在"单击"属性框中选择"m1"选项。

③ 单击快速访问工具栏上的"保存"按钮，保存对窗体的修改。

（4）设置窗体标题的具体步骤如下。

① 打开窗体"fStock"的设计视图，执行"设计"→"工具"→"属性表"命令，打开"属性表"窗口。

② 在"属性表"窗口中单击"格式"选项卡，在"标题"属性框中输入"库存浏览"。

③ 单击快速访问工具栏上的"保存"按钮，保存对窗体的修改。

（5）取消窗体的导航按钮的具体步骤如下。

① 选中子窗体"tNorm"对象，执行"设计"→"工具"→"属性表"命令，打开"属性表"窗口。

② 在"属性表"窗口中单击"格式"选项卡，在"导航按钮"属性框中选择"否"选项。

③ 单击快速访问工具栏上的"保存"按钮，保存对窗体的修改。

第二套

基本操作题

在本书素材\上机题库\2 文件夹下的数据库文件"samp1.accdb"中，试按以下操作要求，完成表的建立和修改。

（1）创建一个名为"tEmployee"的新表，其结构如表 3.2.1 所示。

表 3.2.1 "tEmployee"表结构

字段名称	数据类型	字段大小	格式
职工 ID	文本	5	
姓名	文本	10	
职称	文本	6	
聘任日期	日期/时间		常规日期

（2）将"tEmployee"表中的"职工 ID"字段设置为主关键字。

（3）在"聘任日期"字段后添加"借书证号"字段，字段的数据类型为"文本"，字段大小为"10"，并将该字段设置为必填字段。

（4）将"tEmployee"表中的"职称"字段的"默认值"属性设置为"副教授"。

（5）向"tEmployee"表中填入表 3.2.2 所示的内容。

表 3.2.2 新增内容

职工 ID	姓名	职称	聘任日期	借书证号
00001	112	副教授	1995-11-1	1
00002	112	教授	1995-12-12	2
00003	114	讲师	1998-10-10	3
00004	115	副教授	1992-8-11	4
00005	111176	副教授	1996-9-11	5
00006		教授	1998-10-28	6

答案提示

本题考查考生对 Access 中表的基本操作。

（1）这一步考查创建表的操作，创建表的方法有很多，这里采用设计视图来创建表，具体步骤如下。

① 打开数据库文件"samp1.accdb",执行"创建"→"表格"→"表设计"命令,打开表设计视图,如图 3.2.1 所示。

图 3.2.1　表设计视图

② 单击第一行"字段名称"列,并在其中输入"职工 ID";单击"数据类型"列,并单击其右侧的下拉按钮,在弹出的下拉列表中选择"文本"选项,并设置"字段属性"区中的"字段大小"属性为"5"。

③ 类似第②步,在设计视图中按题目所列出的字段名和数据类型,分别输入表中其他字段,并设置相应的数据类型和字段大小。

④ 单击快速访问工具栏上的"保存"按钮,弹出"另存为"对话框,在对话框中输入表名称"tEmployee",单击"确定"按钮。

（2）这一步考查考生将某字段设置为主关键字的操作。具体步骤如下。

① 打开数据库文件"samp1.accdb",并且打开"tEmployee"表的设计视图。

② 选中"职工 ID"字段,然后执行"设计"→"工具"→"主键"命令。

③ 单击快速访问工具栏上的"保存"按钮,保存表的修改。

（3）这一步考查学生添加字段的操作。具体步骤如下。

① 打开数据库文件"samp1.accdb",并且打开"tEmployee"表的设计视图。

② 在"字段名称"列中,单击字段"聘任日期"所在行的下一行,输入"借书证号";单击"数据类型"列,并单击其右侧的下拉按钮,在弹出的下拉列表中选择"文本"选项,并设置"字段属性"区中"字段大小"属性为"10",设置"字段属性"区中"必填字段"属性为"是";

③ 单击快速访问工具栏上的"保存"按钮,保存表的修改。

（4）这一步考查学生设置字段默认值的操作。具体步骤如下。

① 打开数据库文件"samp1.accdb"，并且打开"tEmployee"表的设计视图。

② 选中"职称"字段，然后设置"字段属性"区中"默认值"属性为"副教授"。

③ 单击快速访问工具栏上的"保存"按钮，保存表的修改。

（5）这一步考查学生添加记录的操作。具体步骤如下。

① 打开"tEmployee"表的数据表视图。

② 按照表 3.2.2 中的数据，依次填入"tEmployee"表的数据表视图中的相应位置。

简单应用题

在本书素材\上机题库\2 文件夹下，"samp2.accdb"数据库文件中已经设计好了表对象"tReader"、"tBorrow"和"tBook"，以及窗体对象"fTest"，试按以下要求完成设计。

（1）创建一个查询，查找并显示"单位"、"姓名"和"性别"3 个字段内容，所建查询命名为"qT1"。

（2）创建一个查询，查找 2004 年的借书情况，并显示"单位"、"姓名"、"书名"3 个字段的内容，所建查询命名为"qT2"。

（3）创建一个查询，将"借书日期"为 2005 年 6 月以前（不包含 6 月）的记录存入一个新表中，表名为"told"，所建查询命名为"qT3"。

（4）创建一个查询，查找读者的"单位"、"姓名"、"性别"和"职称"4 个字段的内容。其中"性别"字段的准则条件为参数，要求引用窗体对象"fTest"上控件"tSex"的值，所建查询命名为"qT4"。

答案提示

本题考查考生对 Access 中创建查询的操作。

（1）本题使用查询向导创建查询，过程如下。

① 打开数据库文件"samp2.accdb"，执行"创建"→"查询"→"查询向导"命令，在弹出的"新建查询"对话框中选择"简单查询向导"选项，然后单击"确定"按钮。

② 在打开的"简单查询向导"中选择查询中要使用的字段。首先，在"表/查询"下拉列表中选择"表：tReader"选项，然后从"可用字段"列表中将"单位"、"姓名"和"性别"字段移动到"选定字段"列表中。单击"下一步"按钮。

③ 在向导最后一步中，为该查询指定名称为"qT1"，单击"完成"按钮。

（2）本题在设计视图中创建查询，过程如下。

① 打开数据库文件"samp2.accdb"，执行"创建"→"查询"→"查询设计"命令。

② 在"显示表"对话框中单击"表"选项卡，单击"tReader"表，然后单击"添加"按钮；单击"tBorrow"表，然后单击"添加"按钮；单击"tBook"表，然后单击"添加"按钮，最后单击"关闭"按钮。

③ 分别双击"单位"、"姓名"、"书名"和"借书日期"字段，然后取消选中"借书日期"字段列"显示"行单元格中的复选框。

④ 在"借书日期"字段列的"条件"行单元格中输入条件"between #2009-01-01# and #2004-12-31#"，结果如图 3.2.2 所示。

④ 单击快速访问工具栏上的"保存"按钮，弹出"另存为"对话框，在"查询名称"文本框中输入"qT2"，然后单击"确定"按钮。

图 3.2.2　选择查询设计视图

（3）本题创建生成表查询。过程如下。

① 打开数据库文件"samp2.accdb"。

② 在消息栏上，单击"选项"按钮。在"Microsoft Office 安全选项"对话框中，选中"启用此内容"单选按钮，然后单击"确定"按钮。如果没有看到消息栏，执行"数据库工具"→"显示/隐藏"→"消息栏"命令。

③ 执行"创建"→"查询"→"查询设计"命令。

④ 在"显示表"对话框中单击"表"选项卡，单击"tBorrow"表，最后单击"关闭"按钮。

⑤ 分别双击"借书 ID"、"借书证号"和"借书日期"字段。

⑥ 在"借书日期"字段列的"条件"行单元格中输入条件"<#2005-06-01#"。

⑦ 执行"设计"→"查询类型"→"生成表"命令，将弹出"生成表"对话框。

⑧ 在该对话框的"表名称"文本框中输入"told"，如果当前数据库尚未选中，请单击"当前数据库"，然后单击"确定"按钮。

⑨ 单击快速访问工具栏上的"保存"按钮，弹出"另存为"对话框，在"查询名称"文本框中输入"qT3"，然后单击"确定"按钮。

⑩ 执行"设计"→"结果"→"运行"命令，然后单击"是"按钮确认此操作。

（4）本题考查创建参数查询，过程如下。

① 打开数据库文件"samp2.accdb"，执行"创建"→"查询"→"查询设计"命令。

② 在"显示表"对话框中单击"表"选项卡，单击"tReader"表，然后单击"添加"按钮，最后单击"关闭"按钮。

③ 分别双击"单位"、"姓名"、"性别"和"职称"字段，由于有一个已经建好的"fTest"窗体，所以在设计"按雇员姓名查询"的设计视图的"条件"中，应包含有"[Forms]![fTest]"，同时，由于窗体中输入查询性别的控件名称为"tSex"，所以在"性别"字段列的"条件"行单元格中输入"[Forms]![fTest]![tSex]"，结果如图 3.2.3 所示。

图 3.2.3　"qT4"设计视图

④ 单击快速访问工具栏上的"保存"按钮，弹出"另存为"对话框，在"查询名称"文本框中输入"qT4"，然后单击"确定"按钮。

综合应用题

在本书素材\上机题库\2 文件夹下，"samp3.accdb"数据库文件中已经设计好了表对象"tReader"、"tBorrow"和"tBook"，查询对象"qT"，窗体对象"fReader"、报表对象"rReader"和宏对象"rpt"。请在此基础上按照以下要求补充设计。

（1）在报表"rReader"的报表页眉节中添加一个标签控件，其名称为"bTitle"，标题显示为"读者借阅情况浏览"，字体名称为"黑体"，字体大小为"22"，字体粗细为"加粗"，倾斜字体为"是"，同时将其安排在距上边 0.5 厘米，距左侧 2 厘米的位置。

（2）设计报表"rReader"的主体为"tSex"文本框控件，设置数据源显示性别信息。

（3）将宏对象"rpt"改名为"mReader"。

（4）在窗体对象"fReader"的窗体页脚中添加一个命令按钮控件，命名为"bList"，按钮标题为"显示借书信息"。

（5）设置命令按钮"bList"的"单击"事件属性为运行宏对象"mRader"。

注意：不允许修改窗体对象"tBorrow"、"tReader"和"tBook"，以及查询对象"qT"；不允许修改报表对象"rReader"的控件和属性。

答案提示

本题考查窗体、报表和宏的编辑等操作。

（1）在报表页眉中添加标签控件的具体步骤如下。

① 打开数据库文件"samp3.accdb"，在导航窗格显示类别中选中所有 Access 对象。

② 在对象窗口中，右击报表"rReader"，在弹出的快捷菜单中执行"设计视图"命令。

③ 打开报表"rReader"的设计视图，在设计视图中右击，在弹出的快捷菜单中执行"报表页眉/页脚"命令。

④ 在报表页眉中添加标签控件，并输入"读者借阅情况浏览"。

⑤ 按照题目要求设置相关属性：选中标签，执行"设计"→"工具"→"属性表"命令，打

开"属性表"窗口，在"名称"属性框中输入"bTitle"，类似地，选择对应文本格式为：黑体，22 号，加粗，斜体；设置左边距和上边距分别为 2 厘米和 5 厘米。

⑥ 单击快速访问工具栏上的"保存"按钮，保存对报表的修改。

（2）在报表中，设置文本框"控件来源"属性的具体步骤如下。

① 打开报表"rReader"的设计视图。

② 按照题目要求设置相关属性：选中"tSex"文本框，执行"设计"→"工具"→"属性表"命令，打开"属性表"窗口，单击"数据"选项卡，设置"控件来源"属性为"性别"。

③ 单击快速访问工具栏上的"保存"按钮，保存对报表的修改。

（3）将宏对象"rpt"改为"mReader"的步骤如下。

① 在对象列表中单击"宏"对象。

② 选中宏"rpt"，右击，在弹出的快捷菜单中执行"重命名"命令，将"rpt"改为"mReader"。

③ 单击快速访问工具栏上的"保存"按钮，保存对宏的修改。

（4）在窗体页脚中添加命令按钮控件的具体步骤如下。

① 打开窗体"fReader"的设计视图，执行"设计"→"控件"→"命令按钮"命令，此时打开"命令按钮向导"，单击"取消"按钮。

② 按照题目要求设置相关属性：选中上述命令按钮，执行"设计"→"工具"→"属性表"命令，打开"属性表"窗口，设置"标题"属性为"显示借书信息"，"名称"属性为"bList"。

③ 单击快速访问工具栏上的"保存"按钮，保存对窗体的修改。

（5）设置命令按钮单击时运行宏"mReader"的具体步骤如下。

① 打开窗体"fReader"的设计视图，选中命令按钮"bList"，执行"设计"→"工具"→"属性表"命令，打开"属性表"窗口。

② 在"属性表"窗口中，单击"事件"选项卡，在"单击"属性框中选择"mReader"选项。

③ 单击快速访问工具栏上的"保存"按钮，保存对窗体的修改。

第三套

基本操作题

在本书素材\上机题库\3 文件夹下，"samp1.accdb"数据库文件中已建立了两个表对象"tGrade"和"tStudent"，宏对象"mTest"和查询对象"qT"。试按以下操作要求，完成各种操作。

（1）设置表对象"tGrade"中"成绩"字段的显示宽度为"20"。

（2）设置"tStudent"表的"学号"字段为主键，设置"性别"的"默认值"属性为"男"。

（3）在"tStudent"表结构最后一行增加一个字段，字段名为"家庭住址"，字段类型为"文本"，字段大小为"40"；删除"相片"字段。

（4）删除"qT"查询中的"毕业学校"列，并将查询结果按"姓名"、"课程名"和"成绩"顺序显示。

（5）将宏"mTest"重命名，保存为自动执行的宏。

答案提示

本题考查学生对 Access 中表、查询和宏的基本操作。

（1）这一步考查调整字段显示宽度的操作。具体步骤如下。

① 打开数据库文件"samp1.accdb"，在数据库窗口的"表"对象下，双击表"tGrade"。

② 选择要改变宽度的字段列"成绩"，右击。

③ 在弹出的快捷菜单中执行"列宽"命令，弹出如图 3.3.1 所示的对话框。

④ 在该对话框的"列宽"文本框中输入"20"，单击"确定"按钮。

⑤ 单击快速访问工具栏上的"保存"按钮，保存表的修改。

（2）这一步考查将某字段设置为主关键字和设置默认值的操作。

图 3.3.1　"列宽"对话框

具体步骤如下。

① 打开数据库文件"samp1.accdb"，并且打开"tStudent"表的设计视图。

② 选中"学号"字段，执行"设计"→"工具"→"主键"命令。

③ 选中"性别"字段，然后设置"字段属性"区中"默认值"的属性为"男"。

④ 单击快速访问工具栏上的"保存"按钮，保存表的修改。

（3）这一步考查添加字段和删除字段的操作。具体步骤如下。

① 打开数据库文件"samp1.accdb"，并且打开"tStudent"表的设计视图。

② 在"字段名称"列中，单击字段"相片"所在行的下一行，输入"家庭住址"，单击"数据类型"列，并单击其右侧的下拉按钮，在弹出的下拉列表中选择"文本"选项，并设置"字段属性"区中"字段大小"的属性为"400"。

③ 右击"相片"所在行，在弹出的快捷菜单中执行"删除行"命令，这时弹出提示对话框。

④ 单击"是"按钮。

⑤ 单击快速访问工具栏上的"保存"按钮，保存表的修改。

（4）这一步考查修改查询的操作。具体步骤如下。

① 在数据库窗口的导航窗格中选择显示类别为"所有 Access 对象"，在"查询"对象下，右击查询"qT"，在弹出的快捷菜单中执行"设计视图"命令，打开其设计视图。

② 单击设计视图中的"毕业学校"列，执行"设计"→"查询设置"→"删除列"命令，删除设计视图中的"毕业学校"列，在"姓名"列右击并拖动，调整设计视图中"字段"的顺序为"姓名"、"课程名"和"成绩"，如图 3.3.2 所示。

③ 单击快速访问工具栏上的"保存"按钮，保存查询的修改。

（5）保存为自动运行宏的操作步骤如下。

① 在对象列表中单击"宏"对象。

② 右击宏"mTest"，在弹出的快捷菜单中执行"重命名"命令，将"mTest"改为"AutoExec"。

③ 单击快速访问工具栏上的"保存"按钮，保存对宏的修改。

简单应用题

在本书素材\上机题库\3 文件夹下，"samp2.accdb"数据库文件中已经设计好了表对象"tCourse"、"tGrade"、"tStudent"和"tTemp"，试按以下要求完成设计。

（1）创建一个查询，查找并显示含有不及格成绩的学生的"姓名"、"课程名"和"成绩"3 个字段的内容，所建查询命名为"qT1"。

（2）创建一个查询，计算每名学生的平均成绩，并按平均成绩降序依次显示"姓名"、"政治面貌"、"毕业学校"和"平均成绩"4 个字段的内容，所建查询命名为"qT2"。

假设：所用表中无重名。

图 3.3.2　"qT"选择查询设计视图

（3）创建一个查询，统计每班每门课程的平均成绩，显示结果如图 3.3.3 所示，所建查询命名为"qT3"。

图 3.3.3　查询结果

（4）创建一个查询，将男学生的"班级"、"姓名"、"性别"、"课程名"和"成绩"等信息追加到"tTemp"表的对应字段中，所建查询命名为"qT4"。

答案提示

本题考查考生对 Access 中创建查询的操作。

（1）本题在设计视图中创建查询，过程如下。

① 打开数据库文件"samp2.accdb"，执行"创建"→"查询"→"查询设计"命令。

② 在"显示表"对话框中单击"表"选项卡，单击"tStudent"表，然后单击"添加"按钮；单击"tGrade"表，然后单击"添加"按钮；单击"tCourse"表，然后单击"添加"按钮，最后单击"关闭"按钮。

③ 分别双击"姓名"、"课程名"和"成绩"字段。

④ 在"成绩"字段列的"条件"行单元格中输入条件"＜60"，其结果如图3.3.4所示。

图3.3.4　"qT1"选择查询设计视图

⑤ 单击快速访问工具栏上的"保存"按钮，弹出"另存为"对话框，在"查询名称"文本框中输入"qT1"，然后单击"确定"按钮。

（2）本题考查在查询中进行计算的操作，过程如下。

① 打开数据库文件"samp2.accdb"，执行"创建"→"查询"→"查询设计"命令。

② 在"显示表"对话框中单击"表"选项卡，单击"tStudent"表，然后单击"添加"按钮；单击"tGrade"表，然后单击"添加"按钮，最后单击"关闭"按钮。

③ 分别双击"姓名"、"政治面貌"、"毕业学校"和"成绩"字段，更改"成绩"字段为"平均成绩：成绩"。

④ 执行"设计"→"显示/隐藏"→"汇总"命令。

⑤ 单击"平均成绩：成绩"字段列的"总计"行单元格，并单击其右侧的下拉按钮，在弹出的下拉列表中选择"平均值"函数。

⑥ 单击"平均成绩：成绩"字段列的"排序"行单元格，并单击其右侧的下拉按钮，在弹出的下拉列表中选择"降序"选项，如图3.3.5所示。

⑦ 单击快速访问工具栏上的"保存"按钮，弹出"另存为"对话框，在"查询名称"文本框中输入"qT2"，然后单击"确定"按钮。

（3）本题考查创建交叉表查询的操作，过程如下。

① 在数据库窗口中，执行"创建"→"查询"→"查询设计"命令。

② 在"显示表"对话框中，单击"表"选项卡，然后分别双击"tStudent"表、"tGrade"表和"tCourse"表，最后单击"关闭"按钮。

图 3.3.5 "qT2" 选择查询设计视图

③ 双击 "tStudent" 表中的 "班级" 字段，将其放到 "字段" 行的第 1 列，然后分别双击 "tCourse" 表中的 "课程名" 字段和 "tGrade" 表中的 "成绩" 字段，将它们分别放到 "字段" 行的第 2 列和第 3 列中。

④ 执行 "设计" → "查询类型" → "交叉表" 命令。

⑤ 单击 "班级" 字段列的 "交叉表" 行单元格，然后单击该单元格右侧的下拉按钮，在弹出的下拉列表中选择 "行标题" 选项，单击 "课程名" 字段列的 "交叉表" 行单元格，然后单击该单元格右侧的下拉按钮，在弹出的下拉列表中选择 "列标题" 选项； 单击 "成绩" 字段列的 "交叉表" 行单元格，然后单击该单元格右侧的下拉按钮，在弹出的下拉列表中选择 "值" 选项。

⑥ 单击 "成绩" 字段列的 "总计" 行单元格，单击右侧的下拉按钮，在弹出的下拉列表中选择 "平均值" 选项，结果如图 3.3.6 所示。

图 3.3.6 "qT3" 选择查询设计视图

⑦ 在"成绩"字段列，右击，在弹出的快捷菜单中执行"属性"命令，打开"属性表"窗口，设置"格式"属性为"固定"，设置"小数位数"属性为"0"。

⑧ 单击快速访问工具栏上的"保存"按钮，弹出"另存为"对话框，在"查询名称"文本框中输入"qT3"，然后单击"确定"按钮。

（4）本题考查创建追加查询的操作，过程如下。

① 打开数据库文件"samp2.accdb"，在消息栏上单击"选项"按钮。在"Microsoft Office 安全选项"对话框中，选中"启用此内容"单选按钮，然后单击"确定"按钮。如果没有看到消息栏，执行"数据库工具"→"显示/隐藏"→"消息栏"命令。

② 执行"创建"→"查询"→"查询设计"命令。

③ 在"显示表"对话框中，单击"表"选项卡，然后分别双击"tStudent"表、"tGrade"表和"tCourse"表，最后单击"关闭"按钮。

④ 分别双击"班级"、"姓名"、"性别"、"课程名"和"成绩"字段。

⑤ 在"性别"字段列的"条件"行单元格中输入"男"。

⑥ 执行"创建"→"查询类型"→"交叉表"命令，在弹出的"追加"对话框中选择"表名称"下拉列表中的值"tTemp"，然后单击"确定"按钮。

⑦ 单击快速访问工具栏上的"保存"按钮，弹出"另存为"对话框，在"查询名称"文本框中输入"qT4"，然后单击"确定"按钮。

⑧ 运行此查询，完成把查询结果追加到表"tTemp"中。

综合应用题

在本书素材\上机题库\3 文件夹下，"samp3.accdb"数据库文件中已经设计好了表对象"tAddr"和"tUser"，同时还设计了窗体对象"fEdit"和"fEuser"。请在此基础上按照以下要求补充"fEdit"窗体的设计。

（1）将窗体中名为"LRemark"的标签控件上的文字颜色改为红色（红色代码为 255），字体粗细改为"加粗"。

（2）将窗体标题设置为"修改用户信息"。

（3）将窗体边框改为"对话框边框"样式，取消窗体中的水平和垂直滚动条、记录选定器、浏览按钮和分隔线。

（4）将窗体中"退出"命令按钮（名称为"CmdQuit"）上的文字颜色改为深红（深红代码为128），字体粗细改为"加粗"，并在文字下方加上下画线。

（5）在窗体中还有"修改"和"保存"两个命令按钮，名称分别为"CmdEdit"和"CmdSave"，其中"保存"命令按钮在初始状态为不可用，当单击"修改"命令按钮后，应使"保存"命令按钮变为可用。现已编写了部分 VBA 代码，请按照 VBA 代码中的指示将代码补充完整。

要求：修改后运行该窗体，并查看修改结果。

注意：①不允许修改窗体对象"fEdit"和"fEuser"中未涉及的控件、属性；不允许修改表对象"tAddrr"和"tUser"。②对于 VBA 代码，只允许在"************"与"***********"之间的一空行内补充语句、完成设计，不允许增删和修改其他位置已存在的语句。

答案提示

本题考查窗体和 VBA 等知识。

（1）在窗体中设置标签控件属性的具体步骤如下。

① 打开窗体"fEdit"的设计视图。

② 按照题目要求设置相关属性：选中"LRemark"标签控件，执行"设计"→"工具"→"属性表"命令，打开"属性表"窗口，单击"格式"选项卡，在"前景颜色"属性框中输入"255"，在"字体粗细"属性框中选择"加粗"选项。

③ 单击快速访问工具栏上的"保存"按钮，保存对窗体的修改。

（2）设置窗体标题的具体步骤如下。

① 打开窗体"fEdit"的设计视图，执行"设计"→"工具"→"属性表"命令，打开"属性表"窗口。

② 在"属性表"窗口中，单击"格式"选项卡，在"标题"属性框中输入"修改用户信息"。

③ 单击快速访问工具栏上的"保存"按钮，保存对窗体的修改。

（3）设置窗体属性的具体步骤如下。

① 打开窗体"fEdit"的设计视图，执行"设计"→"工具"→"属性表"命令，打开"属性表"窗口。

② 在"属性表"窗口中，单击"格式"选项卡，在"边框样式"属性框中选择"对话框边框"选项，在"滚动条"属性框中选择"两者均无"选项；在"记录选定器"属性框中选择"否"选项；在"浏览按钮"属性框中选择"否"选项；在"分隔线"属性框中选择"否"选项。

③ 单击快速访问工具栏上的"保存"按钮，保存对窗体的修改。

（4）在窗体中设置命令按钮控件属性的具体步骤如下。

① 打开窗体"fEdit"的设计视图。

② 按照题目要求设置相关属性：选中"CmdQuit"命令按钮，执行"设计"→"工具"→"属性表"命令，打开"属性表"窗口，单击"格式"选项卡，在"前景颜色"属性框中输入"128"；在"字体粗细"属性框中选择"加粗"选项；在"下划线"属性框中选择"是"选项。

③ 单击快速访问工具栏上的"保存"按钮，保存对窗体的修改。

（5）完成 VBA 代码的步骤如下。

① 在数据库窗口的导航窗格中选择显示类别为"所有 Access 对象"，在"窗体"对象下，右击窗体"fEdit"，在弹出的快捷菜单中执行"设计视图"命令，打开其设计视图。

② 选中窗体中的"修改"命令按钮，执行"设计"→"工具"→"属性表"命令，打开"属性表"窗口，单击"事件"选项卡，单击"单击"属性行的省略号按钮，进入 VBA 开发环境。

③ 在代码编写窗口中的"＊＊＊＊＊＊＊＊＊＊＊"和"＊＊＊＊＊＊＊＊＊＊＊"之间添加代码"CmdSave.Enabled=True"。

④ 单击快速访问工具栏上的"保存"按钮，保存代码。

第四套

基本操作题

在本书素材\上机题库\4 文件夹下"samp1.accdb"数据库文件中进行以下操作。

（1）建立表"tCourse"，表结构如表 3.4.1 所示。

表 3.4.1　"tCourse"表结构

字段名称	数据类型	字段大小	格式
课程编号	文本	8	
课程名称	文本	20	
学时	数字	整型	
学分	数字	单精度型	
开课时间	日期/时间		短日期
必修课	是/否		是/否
简介	备注		

（2）设置"课程编号"字段为主键。

（3）设置"学时"字段的"有效性规则"为"大于 0"。

（4）在"tCourse"表中输入以下 2 条记录，如表 3.4.2 所示。

表 3.4.2　新增记录

课程编号	课程名称	学时	学分	开课时间	必修否	简介
2004001	C 语言程序设计	64	3.5	2009-9-1	√	专业基础课程
2004002	数据结构	72	4	2004-10-8	√	核心课程

答案提示

本题考查学生对 Access 中表的基本操作。

（1）考查学生创建表的操作。创建表的方法有很多，这里采用数据表视图来创建表。具体步骤如下。

① 打开数据库文件"samp1.accdb"，执行"创建"→"表格"→"表设计"命令，打开表的设计视图，如图 3.4.1 所示。

图 3.4.1　表的设计视图

② 单击第一行"字段名称"列，并在其中输入"课程编号"。单击"数据类型"列，并单击

其右侧的下拉按钮，在弹出的下拉列表中选择"文本"选项，并设置"字段属性"区中的"字段大小"属性为"8"。

③ 类似第②步，在设计视图中按题目所列出的字段名和数据类型，分别输入表中其他字段，并设置相应的数据类型、字段大小和格式。

④ 单击快速访问工具栏上的"保存"按钮，弹出"另存为"对话框，在对话框中输入"tCourse"，单击"确定"按钮。

（2）这一步考查将某字段设置为主关键字的操作。具体步骤如下。

① 打开数据库文件"samp1.accdb"，并且打开"tCourse"表的设计视图。

② 选中"课程编号"字段，执行"设计"→"工具"→"主键"命令。

③ 单击快速访问工具栏上的"保存"按钮，保存表的修改。

（3）这一步考查将某字段设置有效规则的操作。具体步骤如下。

① 打开数据库文件"samp1.accdb"，并且打开"tCourse"表的设计视图。

② 选中"学时"字段，然后设置"字段属性"区中"有效性规则"属性为"＞0 "。

③ 单击快速访问工具栏上的"保存"按钮，保存表的修改。

（4）这一步考查添加记录的操作。具体步骤如下。

① 打开"tCourse"表的数据表视图。

② 将表 3.4.2 中的数据，依次填入"tCourse"表的数据表视图中的相应位置。

简单应用题

在本书素材\上机题库\4 文件夹下，"samp2.accdb"数据库文件中已经设计好了一个表对象"tStud"和一个查询对象"qStud4"。试按以下要求完成设计。

（1）创建一个查询，查找并显示学生的"编号"、"姓名"、"性别"、"年龄"和"入校日期"5个字段内容，所建查询命名为"qStud1"。

（2）创建一个查询，查找并显示年龄小于等于 25 岁的学生"编号"、"姓名"和"年龄"，所建查询命名为"qStud2"。

（3）创建一个查询，按照入校日期查找学生的报道情况，并显示学生的"编号"、"姓名"和"团员否"3 个字段的内容。当运行该查询时，应显示参数提示信息："请输入入校日期:"，所建查询命名为"qStud3"。

（4）更改"qStud4"查询，将其中的"年龄"字段按升序排列。不允许修改"qStud4"查询中其他字段的设置。

答案提示

本题考查考生对 Access 中创建查询的操作。

（1）本题在设计视图中创建查询，过程如下。

① 打开数据库文件"samp2.accdb"，执行"创建"→"查询"→"查询设计"命令。

② 在"显示表"对话框中单击"表"选项卡，单击"tStud"表，然后单击"添加"按钮，最后单击"关闭"按钮。

③ 分别双击"编号 "、"姓名"、"性别"、"年龄"和"入校日期"字段。

④ 单击快速访问工具栏上的"保存"按钮，弹出"另存为"对话框，在"查询名称"文本框中输入"qStud1 "，然后单击"确定"按钮。

（2）本题考查创建带条件的查询的操作，过程如下。

①　打开数据库文件"samp2.accdb"，执行"创建"→"查询"→"查询设计"命令。

②　在"显示表"对话框中单击"表"选项卡，单击"tStud"表，然后单击"添加"按钮，最后单击"关闭"按钮。

③　分别双击"编号"、"姓名"和"年龄"字段。

④　在"年龄"字段列的"条件"行单元格中输入条件"<=25"。

⑤　单击快速访问工具栏上的"保存"按钮，弹出"另存为"对话框，在"查询名称"文本框中输入"qStud2"，然后单击"确定"按钮。

（3）本题考查创建参数查询的操作，过程如下。

①　打开数据库文件"samp2.accdb"，执行"创建"→"查询"→"查询设计"命令。

②　在"显示表"对话框中单击"表"选项卡，单击"tStud"表，然后单击"添加"按钮，最后单击"关闭"按钮。

③　分别双击"编号"、"姓名"、"团员否"和"入校日期"字段，在"入校日期"字段列的"条件"行单元格中输入"[请输入入校日期]"，同时取消选中"入校日期"字段列"显示"行单元格中的复选框。

④　单击快速访问工具栏上的"保存"按钮，弹出"另存为"对话框，在"查询名称"文本框中输入"qStud3"，然后单击"确定"按钮。

⑤　运行此查询弹出一个输入参数的对话框，可按照题目要求输入入校日期进行查询。

（4）本题考查更改查询的设置，过程如下：

①　打开数据库文件"samp2.accdb"，打开"qStud4"查询的设计视图。

②　单击"年龄"字段列的"排序"行单元格，并单击其右侧的下拉按钮，在弹出的下拉列表中选择"升序"选项。

③　单击快速访问工具栏上的"保存"按钮，保存对该查询的修改。

综合应用题

在本书素材\上机题库\4 文件夹下，"samp3.accdb"数据库文件中已经设计好了一个窗体对象"fs"。试在此基础上按以下要求补充窗体设计。

（1）在窗体的窗体页眉中添加一个标签控件，其名称为"bTitle"，标题显示为"学生基本信息输出"。

（2）将主体中"性别"标签右侧的文本框显示内容设置为"性别"字段值，并将文本框更名为"tSex"。

（3）在主体中添加一个标签控件，该控件放置在距左边 0.2 厘米、距上边 3.8 厘米处，标签显示内容为"简历"，名称为"bMem"。

（4）在窗体页脚中添加两个命令按钮控件，分别命名为"bOk"和"bQuit"，命令按钮标题分别为"确定"和"退出"。

（5）将窗体标题设置为"学生基本信息"。

注意：不允许修改窗体对象"fs"中未涉及的控件和属性。

答案提示

本题考查窗体的创建和编辑等操作。窗体是 Access 数据库中的一种对象，通过窗体用户可以方便地输入数据、编辑数据、显示和查询表中的数据。

（1）在窗体页眉中添加标签控件的具体步骤如下。

①　打开窗体"fs"的设计视图，在窗体页眉中添加标签控件，并输入"学生基本信息输出"。

② 按照题目要求设置相关属性：选中标签，执行"设计"→"工具"→"属性表"命令，打开"属性表"窗口，在"名称"属性框中输入"bTitle"。

③ 单击快速访问工具栏上的"保存"按钮，保存对窗体的修改。

（2）在报表中，设置文本框的"控件来源"属性的具体步骤如下。

① 打开窗体"fs"的设计视图。

② 按照题目要求设置相关属性：选中"tSex"文本框，执行"设计"→"工具"→"属性表"命令，打开"属性表"窗口，单击"数据"选项卡，在"控件来源"属性框中选择"性别"选项。

③ 单击快速访问工具栏上的"保存"按钮，保存对报表的修改。

（3）在窗体主体中添加标签控件的具体步骤如下。

① 打开窗体"fs"的设计视图，在主体中添加标签控件，并输入"简历"。

② 按照题目要求设置相关属性：选中标签，执行"设计"→"工具"→"属性表"命令，打开"属性表"窗口，在"名称"属性框中输入"bMem"；在"左边距"属性框中输入"0.2 厘米"，在"上边距"属性框中输入"38 厘米"。

③ 单击快速访问工具栏上的"保存"按钮，保存对报表的修改。

（4）在窗体页脚中添加命令按钮控件的具体步骤如下。

① 打开窗体"fs"的设计视图，执行"设计"→"控件"→"命令按钮"命令，此时打开"命令按钮向导"，单击"取消"按钮。

② 类似地，添加第 2 个命令按钮控件。

③ 按照题目要求设置相关属性：选中第 1 个命令按钮，执行"设计"→"工具"→"属性表"命令，打开"属性表"窗口，设置"标题"属性为"确定"，"名称"属性为"bOk"；选中第 2 个命令按钮，执行"设计"→"工具"→"属性表"命令，打开"属性表"窗口，设置"标题"属性为"退出"，"名称"属性为"bQuit"。

④ 单击快速访问工具栏上的"保存"按钮，保存对窗体的修改。

（5）设置窗体标题的具体步骤如下。

① 打开窗体"fs"的设计视图，执行"设计"→"工具"→"属性表"命令，打开"属性表"窗口。

② 在"属性表"窗口中，单击"格式"选项卡，在"标题"属性框中输入"学生基本信息"。

③ 单击快速访问工具栏上的"保存"按钮，保存对窗体的修改。

第五套

基本操作题

在本书素材\上机题库\5 文件夹下，"sampl.accdb"数据库文件中已建立了表对象"tEmployee"。试按以下操作要求，完成表的编辑。

（1）设置"编号"字段为主键。

（2）设置"年龄"字段的"有效性规则"为">16"。

（3）删除表结构中的"所属部门"字段。

（4）在表结构中的"年龄"与"职务"两个字段之间增添一个新的字段：字段名称为"党员否"，字段类型为"是/否"型。

（5）删除表中职工编号为"000014"的一条记录。

（6）在编辑完的表中追加以下一条新记录，如表 3.5.1 所示。

表 3.5.1　追加的新记录

编号	姓名	性别	年龄	党员否	职务	聘用时间	简历
000031	王涛	男	35	√	主管	2004-9-1	熟悉系统维护

答案提示

本题考查对 Access 中表的基本操作。

（1）这一步考查将某字段设置为主关键字的操作。具体步骤如下。

① 打开数据库文件"samp1.accdb"，并且打开"tEmployee"表的设计视图。

② 右击"编号"字段，然后在弹出的快捷菜单中执行"主键"命令。

③ 单击快速访问工具栏上的"保存"按钮，保存表的修改。

（2）这一步考查将某字段设置有效性规则的操作。具体步骤如下。

① 打开数据库文件"samp1.accdb"，并且打开"tEmployee"表的设计视图。

② 选中"年龄"字段，然后设置"字段属性"区中"有效性规则"的属性为">16"。

③ 单击快速访问工具栏上的"保存"按钮，保存表的修改。

（3）这一步考查修改表结构的操作，具体步骤如下。

① 打开"tEmployee"表的设计视图。

② 将光标移到"所属部门"字段的位置上，执行"设计"→"工具"→"删除行"命令，弹出删除字段提示对话框。

③ 单击"是"按钮，则删除了该字段。

④ 单击快速访问工具栏上的"保存"按钮，保存表的修改。

（4）这一步考查修改表结构的操作，具体步骤如下。

① 打开"tEmployee"表的设计视图。

② 将光标移到"职务"字段的位置上，执行"设计"→"工具"→"插入行"命令，这时在字段"年龄"和"职务"之间插入了新行。

③ 单击该行"字段名称"列，并在其中输入"党员否"；单击"数据类型"列，并单击其右侧的下拉按钮，选择在弹出的下拉列表中"是/否"选项。

④ 单击快速访问工具栏上的"保存"按钮，保存表的修改。

（5）这一步考查删除记录的操作，具体步骤如下。

① 打开"tEmployee"表的设计视图。

② 单击"职工编号"字段为"000014"的记录所在行中的任意位置，执行"开始"→"记录"→"删除"命令，弹出删除记录提示对话框。

③ 单击"是"按钮，则删除了该记录。

④ 单击快速访问工具栏上的"保存"按钮，保存表的修改。

（6）这一步考查增加记录的操作，具体步骤如下。

① 打开"tEmployee"表的设计视图。

② 执行"开始"→"记录"→"新建"命令，将光标移动到新记录上。

③ 将表 3.5.1 中的数据，依次填入"tEmployee"表的数据表视图中的相应位置。

简单应用题

在本书素材\上机题库\5 文件夹下，"samp2.accdb"，数据库文件中已经设计好了 3 个关联表对象"tStud"、"tCourse"、"tScore"和一个空表"tTemp"，试按以下要求完成设计。

（1）创建一个查询，查找并显示有书法或绘画爱好学生的"学号"、"姓名"、"性别"和"年龄"4 个字段内容，所建查询命名为"qT1"。

（2）创建一个查询，查找学生的"姓名"、"课程名"和"成绩"3 个字段内容，所建查询命名为"qT2"。

（3）以表对象"tScore"为基础，创建一个交叉表查询。要求选择学生的"学号"为行标题，"课程号"为列标题来统计输出学生的平均成绩，所建查询命名为"qT3"。

（4）创建追加查询，将表对象"tStud"中的"学号"、"姓名"、"性别"和"年龄"4 个字段内容追加到目标表"tTemp"的对应字段内，所建查询命名为"qT4"。（规定："姓名"字段的第一字符为姓，剩余字符为名。将姓名分解为姓和名两部分，分别追加到目标表的"姓"、"名"两个字段中）

答案提示

本题考查对 Access 中创建查询的操作。

（1）本题在设计视图中创建查询，过程如下。

① 打开数据库文件"samp2. accdb"，执行"创建"→"查询"→"查询设计"命令。

② 在"显示表"对话框中单击"表"→"tStud"表，然后单击"添加"按钮，最后单击"关闭"按钮。

③ 分别双击"学号"、"姓名"、"性别"、"年龄"和"简历"字段，然后取消选中"简历"字段列"显示"行单元格中的复选框。

④ 在"简历"字段列的"条件"行单元格中输入条件"Like "*书法*" Or Like "*绘画*""。

⑤ 单击快速访问工具栏上的"保存"按钮，弹出"另存为"对话框，在"查询名称"文本框中输入"qT1"，然后单击"确定"按钮。

（2）本题在设计视图中创建查询，过程如下。

① 打开数据库文件"samp2. accdb"，执行"创建"→"查询"→"查询设计"命令。

② 在"显示表"对话框中单击"表"选项卡，单击"tStud"表，然后单击"添加"按钮；单击"tScore"表，然后单击"添加"按钮；单击"tCourse"表，然后单击"添加"按钮，最后单击"关闭"按钮。

③ 分别双击"姓名"、"课程名"和"成绩"字段。

④ 单击快速访问工具栏上的"保存"按钮，弹出"另存为"对话框，在"查询名称"文本框中输入"qT2"，然后单击"确定"按钮。

（3）本题考查创建交叉表查询的操作，创建交叉表查询有两种方法：查询向导和查询设计视图。本题使用查询向导来创建交叉表查询。过程如下。

① 打开数据库文件"samp2. accdb"，执行"创建"→"查询"→"查询向导"命令，弹出"新建查询"对话框。

② 在该对话框中，双击"交叉表查询向导"选项，打开"交叉表查询向导"。

③ 选择"表：tScore"选项，单击"下一步"按钮。

④ 选择"学号"字段，单击"下一步"按钮。

⑤ 选择"课程号"字段，单击"下一步"按钮。

⑥ 在"字段"列表中选择"成绩"字段，在"函数"列表中选择"平均"函数，取消选中"是，包括各行小计"复选框。单击"下一步"按钮。

⑦ 在向导最后一步中，为该查询指定名称为"qT3"，单击"完成"按钮。

（4）本题考查创建追加查询的操作，过程如下。

① 打开数据库文件"samp2. accdb"，执行"创建"→"查询"→"查询设计"命令。

② 在"显示表"对话框中，单击"表"选项卡，然后双击"tStud"表，最后单击"关闭"按钮。

③ 分别双击"学号"、"姓名"、"姓名"、"性别"和"年龄"字段。

④ 将第 1 个"姓名"字段的属性改为"姓：Left([姓名], 1)"；将第 2 个"姓名"字段的属性改为"名：Mid ([姓名], 2)"。

⑤ 执行"设计"→"查询类型"→"追加"命令，在弹出的"追加"对话框中选择"表名称"下拉列表中的值"tTemp"。

⑥ 单击快速访问工具栏上的"保存"按钮，弹出"另存为"对话框，在"查询名称"文本框中输入"qT4"，然后单击"确定"按钮。

综合应用题

在本书素材\上机题库\5 文件夹下，"samp3.accdb"数据库文件中已经设计好了表对象"tBand"和"tLine"，同时还设计出以"tBand"和"tLine"为数据源的报表对象"rBand"。试在此基础上按照以下要求补充报表设计。

（1）在报表的报表页眉中添加一个标签控件，其名称为"bTitle"，标题显示为"团队旅游信息表"，字体名称为"宋体"，字体大小为"22"，字体粗细为"加粗"，倾斜字体是"是"。

（2）在"导游姓名"字段标题对应的报表主体中添加一个文本框控件，显示出"导游姓名"字段值，并命名为"tName"。

（3）在报表的报表页脚中添加一个计算控件，要求依据"团队 ID"来计算并显示团队的个数。计算控件放置在"团队数："标签的右侧，计算控件为"bCount"。

（4）将报表标题设置为"团队旅游信息表"。

注意：不允许改动数据库文件中的表对象"tBand"和"tLine"，同时也不允许修改报表对象"rBand"中已有的控件和属性。

答案提示

本题考查报表中的相关操作。

（1）在报表页眉中添加标签控件的具体步骤如下。

① 打开报表"rBand"的设计视图，在报表页眉中添加标签控件，并输入"团队旅游信息表"。

② 按照题目要求设置相关属性：选中标签，执行"设计"→"工具"→"属性表"命令，打开"属性表"窗口，在"名称"属性框中输入"bTitle"；类似地，选择对应文本格式为：宋体，22 号，加粗，斜体。

③ 单击快速访问工具栏上的"保存"按钮，保存对报表的修改。

（2）在报表中添加文本框控件的具体步骤如下。

① 打开报表"rBand"的设计视图，执行"设计"→"控件"→"文本框"命令，添加文本框控件到报表主体中对应的位置。

② 按照题目要求设置相关属性：选中该文本框，执行"设计"→"工具"→"属性表"命令，打开"属性表"窗口，单击"数据"选项卡，在"控件来源"属性框中选择"导游姓名"选项，单击"其他"选项卡，在"名称"属性框中输入"tName"。

③ 单击快速访问工具栏上的"保存"按钮，保存对报表的修改。

（3）在报表中添加计算控件的具体步骤如下。

①　打开报表"rBand"的设计视图，执行"设计"→"控件"→"文本框"命令，添加计算控件到报表主体中对应的位置。

②　按照题目要求设置相关属性：选中该控件，执行"设计"→"工具"→"属性表"命令，打开"属性表"窗口，单击"数据"选项卡，在"控件来源"属性框中输入"=Count([团队 ID])"；单击"其他"选项卡，在"名称"属性框中输入"bCount"。

③　单击快速访问工具栏上的"保存"按钮，保存对报表的修改。

（4）设置报表标题的具体步骤如下。

①　打开报表"rBand"的设计视图，执行"设计"→"工具"→"属性表"命令，打开"属性表"窗口。

②　在"属性表"窗口中，单击"格式"选项卡，在"标题"属性框中输入"团队旅游信息表"。

③　单击快速访问工具栏上的"保存"按钮，保存对报表的修改。

第六套

基本操作题

在本书素材\上机题库\6 文件夹下，"samp1.accdb"数据库文件中已建立了两个表对象"tGrade"和"tStudent"；同时还存在一个 Excel 文件"tCourse.xls"。试按以下操作要求，完成表的编辑。

（1）将 Excel 文件"tCourse.xls"导入到"samp1.accdb"数据库中，表名称不变，设置"课程编号"字段为主键。

（2）对"tGrade"表进行适当的设置，使该表中的"学号"为必填字段，"成绩"字段的输入值为非负数，并在输入出现错误时提示"成绩应为非负数，请重新输入！"信息。

（3）将"tGrade"表中成绩低于 60 分的记录全部删除。

（4）设置"tGrade"表的显示格式，使显示表的单元格显示效果为"凹陷"、文字字体为"宋体"、字号为"11"。

（5）建立"tStudent"、"tGrade"和"tCourse"3 个表之间的关系，并实施参照完整性。

答案提示

本题考查对 Access 中表和创建查询的基本操作。

（1）这一步考查将外部数据导入数据库中表和设置主键的操作。具体步骤如下。

①　打开数据库文件"samp1.accdb"，执行"外部数据"→"导入并链接"→"Excel"命令，弹出"获取外部数据-Excel 电子表格"对话框，如图 3.6.1 所示。

②　在对话框中，单击"浏览"按钮找到"tCourse.xls"文件，选中"将源数据导入当前数据库的新表中"单选按钮，单击"确定"按钮，弹出"导入数据表向导"对话框。

③　选择电子表格文件中的工作表，这里只有一个工作表，即"tCourse"工作表，单击"下一步"按钮。

④　选中"第一行包含列标题"复选框，然后单击"下一步"按钮。

⑤　单击下方字段列，可以控制哪些字段导入，哪些字段不被导入，设定好导入字段后，单击"下一步"按钮。

⑥　选中"我自己选择主键"单选按钮，在下拉列表中选择"课程编号"选项，单击"下一步"按钮，可更改保存表的名称，单击"完成"按钮。

图 3.6.1　"获取外部数据-Excel 电子表格"对话框

（2）这一步考查设置必填字段和有效性规则的操作，具体步骤如下。

① 打开数据库文件"samp1.accdb"，并且打开"tGrade"表的设计视图。

② 选中"学号"字段，然后设置"字段属性"区中"必填字段"的属性为"是"。

③ 选中"成绩"字段，然后设置"字段属性"区中"有效性规则"的属性为">=0"，设置"字段属性"区中"有效性文本"的属性为"成绩应为非负数请重新输入！"。

④ 单击快速访问工具栏上的"保存"按钮，保存表的修改。

（3）这一步考查删除记录操作，可以排序筛选出待删记录，然后删除，也可以用删除查询的方式删除记录，这里以查询方式完成，具体步骤如下。

① 打开数据库文件"samp1.accdb"，执行"创建"→"查询"→"查询设计"命令。

② 在"显示表"对话框中单击"表"选项卡，单击"tGrade"表，最后单击"关闭"按钮。

③ 单击"设计"→"查询类型"→"删除"命令。

④ 双击字段列表中的"成绩"字段，在该字段列的"删除"行单元格中显示"Where"。

⑤ 在"成绩"字段列的"条件"行单元格中输入条件"<60"。

⑥ 执行"设计"→"结果"→"运行"命令，弹出一个提示对话框。

⑦ 单击"是"按钮，删除满足条件的记录。

（4）这一步考查设置表的显示样式的操作，具体步骤如下。

① 在数据库窗口的"表"对象下，双击表"tGrade"。

② 执行"开始"→"文本格式"→对话框启动器命令，弹出"设置数据表格式"对话框，如图 3.6.2 所示。

③ 在该对话框中，选中"凹陷"单选按钮，然后单击"确定"按钮。

④ 选择"开始"→"文本格式"→"字体"命令，在"字体"下拉列表中设置字体为宋体，在"字号"下拉列表中选择五号。

（5）这一步考查建立表间关联关系的操作，具体步骤如下。

图 3.6.2　"设置数据表格式"对话框

① 执行"数据库工具"→"关系"→"关系"命令，打开"关系"窗口。

② 在该窗口中右击，在弹出的快捷菜单中执行"显示表"命令，此时弹出"显示表"对话框。

③ 在该对话框中，单击"tStudent"表，单击"添加"按钮；单击"tGrade"表，单击"添加"按钮；单击"tCourse"表，单击"添加"按钮；最后单击"关闭"按钮。

④ 选中"tStudent"表中的"学号"字段，将其拖动到"tGrade"表的"学号"字段上，并释放鼠标左键，此时弹出"编辑关系"对话框，选中"实施参照完整性"复选框，然后单击"创建"按钮。

⑤ 选中"tGrade"表中的"课程编号"字段，将其拖动到"tCourse"表的"课程编号"字段上，并释放鼠标左键，此时弹出"编辑关系"对话框，选中"实施参照完整性"复选框，然后单击"创建"按钮。

⑥ 单击快速访问工具栏上的"保存"按钮，保存该关系。

简单应用题

在本书素材\上机题库\6 文件夹下，"samp2.accdb"数据库文件中已经设计了表对象"tCourse"、"tSinfo"、"tGrade"和"tStudent"，试按以下要求完成设计。

（1）创建一个查询，查找并显示"姓名"、"政治面貌"、"课程名"和"成绩" 4 个字段的内容，所建查询命名为"qT1"。

（2）创建一个查询，计算每名学生所选课程的学分总和，并依次显示"姓名"和"学分"，其中"学分"为计算出的学分总和，所建查询命名为"qT2"。

（3）创建一个查询，查找年龄小于平均年龄的学生，并显示其"姓名"，所建查询命名为"qT3"。

（4）创建一个查询，将所有学生的"班级编号"、"姓名"、"课程名"和"成绩"等值填入"tSinfo"表相应字段中，其中"班级编号"值是"tStudent"表中"学号"字段的前 6 位，所建查询命名为"qT4"。

答案提示

本题考查对 Access 中创建查询的操作。

（1）本题在设计视图中创建查询，过程如下。

① 打开数据库文件"samp2.accdb"，执行"创建"→"查询"→"查询设计"命令。

② 在"显示表"对话框中单击"表"选项卡，单击"tStudent"表，然后单"添加"按钮；单击"tScore"表，然后单击"添加"按钮；单击"tCourse"，然后单击"添加"按钮，最后单击"关闭"按钮。

③ 分别双击"姓名"、"政治面貌"、"课程名"和"成绩"字段。

④ 单击快速访问工具栏上的"保存"按钮，弹出"另存为"对话框，在"查询名称"文本框中输入"qT1"，然后单击"确定"按钮。

（2）本题在设计视图中创建查询，过程如下。

① 打开数据库文件"samp2.accdb"，执行"创建"→"查询"→"查询设计"命令。

② 在"显示表"对话框中，单击"表"选项卡，单击"tStudent"表，然后单击"添加"按钮；单击"tGrade"表，然后单击"添加"按钮，单击"tScore"表，然后单击"添加"按钮；最后单击"关闭"按钮。

③ 分别双击"姓名"和"学分"字段，更改"学分"字段为"学分：学分"，执行"设计"→"显示/隐藏"→"汇总"命令。

④ 单击"学分：学分"字段列的"总计"行单元格，并单击其右侧的下拉按钮，在弹出的下拉列表中选择"Sum"函数。

⑤ 单击快速访问工具栏上的"保存"按钮，弹出"另存为"对话框，在"查询名称"文本框中输入"qT2"，然后单击"确定"按钮。

（3）本题创建查询的操作，过程如下。

① 打开数据库文件"samp2.accdb"，执行"创建"→"查询"→"查询设计"命令。

② 在"显示表"对话框中，单击"表"选项卡，然后双击"tStudent"表，最后单击"关闭"按钮。

③ 双击"年龄"字段，执行"设计"→"显示/隐藏"→"汇总"命令。

④ 单击"年龄"字段列的"总计"行单元格，并单击其右侧的下拉按钮，在弹出的下拉列表中选择"Avg"函数。

⑤ 单击快速访问工具栏上的"保存"按钮，弹出"另存为"对话框，在"查询名称"文本框中输入"qTemp"，然后单击"确定"按钮。

⑥ 在数据库窗口中，执行"创建"→"查询"→"查询设计"命令。

⑦ 在"显示表"对话框中，单击"表"选项卡，双击"tstudent"表；然后单击"查询"选项卡，双击"qTemp"查询，最后单击"关闭"按钮。

⑧ 双击"姓名"字段。

⑨ 在第二列"字段"中输入"[tStudent]![年龄]-[qTemp]![年龄之 Avg]"，同时在该字段列的"条件"行单元格中输入条件"<0"。

⑩ 单击快速访问工具栏上的"保存"按钮，弹出"另存为"对话框，在"查询名称"文本框中输入"qT3"，然后单击"确定"按钮。

（4）本题考查创建追加查询的操作，过程如下。

① 打开数据库文件"samp2.accdb"，执行"创建"→"查询"→"查询设计"命令。

② 在"显示表"对话框中，单击"表"选项卡，然后分别双击"tStudent"表、"tGrade"表和"tCourse"表，最后单击"关闭"按钮。

③ 分别双击"学号"、"姓名"、"课程名"和"成绩"字段。

④ 在字段"学号"中输入"班级编号：Left([tStudent]![学号], 6)"。

⑤ 执行"设计"→"查询类型"→"追加"命令，在弹出的"追加"对话框中选择"表名称"下拉列表中的值"tSinfo"。

⑥ 单击快速访问工具栏上的"保存"按钮，弹出"另存为"对话框，在"查询名称"文本框中输入"qT4"，然后单击"确定"按钮。

综合应用题

在本书素材\上机题库\6 文件夹下，"samp3.accdb"数据库文件中已经设计了表对象"tGrade"和"tStudent"，同时还设计出窗体对象"fGrade"和"fStudent"。请在此基础上按照以下要求补充"fStudent"窗体的设计。

（1）将名称为"标签 15"的标签控件改为"tStud"，标题改为"学生成绩"。

（2）将名称为"子对象"的控件"记录源"属性设置为"fGrade"窗体，并取消其"浏览按钮"。

（3）将"fStudent"窗体标题改为"学生信息显示"。

（4）将窗体边框改为"对话框边框"样式，取消窗体中的水平和垂直滚动条。

（5）在窗体中有一个"退出"命令按钮（名称为"bQuit"），单击该按钮后，应关闭"fStudent"窗体。现已编写部分 VBA 代码，请按照 VBA 代码中的指示将代码补充完整。

要求：修改后运行该窗体，并查看修改结果。

注意：①不允许修改窗体对象"fStudent"和"fGrade"中未涉及的控件、属性；不允许修改表对象"tStudent"和"tGrade"。②对于 VBA 代码，只允许在"***********"与"***********"之间的一空行内补充语句、完成设计，不允许增删和修改其他位置已存在的语句。

答案提示

本题考查窗体的创建和编辑等操作。窗体是 Access 数据库中的一种对象，通过窗体用户可以方便地输入数据、编辑数据、显示和查询表中的数据。

（1）在窗体中编辑标签控件的具体步骤如下。

① 打开窗体"fStudent"的设计视图。

② 按照题目要求设置相关属性：选中名称为"标签 15"的标签，执行"设计"→"工具"→"属性表"命令，打开"属性表"窗口，在"名称"属性框中输入"tStud"，在"标题"属性框中输入"学生成绩"。

③ 单击快速访问工具栏上的"保存"按钮，保存对窗体的修改。

（2）在窗体中编辑标签控件的具体步骤如下：

① 打开窗体"fStudent"的设计视图。

② 选中名称为"子对象"的控件，执行"设计"→"工具"→"属性表"命令，打开"属性表"窗口，单击"数据"选项卡，在"记录源"属性框中选择"fGrade"选项。

③ 选中"fGrade"窗体控件，执行"设计"→"工具"→"属性表"命令，打开"属性表"窗口，单击"格式"选项卡，在"浏览按钮"属性框中选择"否"选项。

④ 单击快速访问工具栏上的"保存"按钮，保存对窗体的修改。

（3）设置窗体标题的具体步骤如下。

① 打开窗体"fStudent"的设计视图，执行"设计"→"工具"→"属性表"命令，打开"属性表"窗口。

② 单击"格式"选项卡，在"标题"属性框中输入"学生信息显示"。

③ 单击快速访问工具栏上的"保存"按钮，保存对窗体的修改。

（4）设置窗体属性的具体步骤如下。

① 打开窗体"fStudent"的设计视图，执行"设计"→"工具"→"属性表"命令，打开"属性表"窗口。

② 单击"格式"选项卡，在"边框样式"属性框中选择"对话框边框"选项，在"滚动条"属性框中选择"两者均无"选项。

③ 单击快速访问工具栏上的"保存"按钮，保存对窗体的修改。

（5）添加命令按钮的事件处理代码的操作步骤如下。

① 打开窗体"fStudent"的设计视图。

② 单击"创建"选项卡下的"宏与代码"下拉列表中的"Visual Basic"按钮，进入 VBA 开发环境。

③ 在事件过程 bQult_cllck( )的"* * * * * * * * * * *"和"* * * * * *"之间添加代码"DoCmd.Close"。

④ 单击快速访问工具栏上的"保存"按钮，保存对窗体的修改。

第七套

基本操作题

在本书素材\上机题库\7 文件夹下，"sampl.accdb"数据库文件中已建立了表对象"tStud"。试按以下要求，完成表的编辑操作。

（1）将"编号"字段改名为"学号"，并设置为主键。

（2）设置"入校时间"字段的"有效性规则"为 2005 年之前的时间（不含 2005 年）。

（3）删除表结构中的"照片"字段。

（4）删除表中学号为"000003"和"000011"的两条记录。

（5）设置"年龄"字段的默认值为"23"。

（6）完成上述操作后，将考生文件夹下文本文件"tStud.txt"中的数据导入并追加保存在"tStud"中。

答案提示

本题考查对 Access 中表的基本操作。

（1）这一步考查修改表结构的操作和设置主键的操作。具体步骤如下。

① 打开数据库文件"samp1.accdb"，并且打开"tStud"表的设计视图。

② 单击"字段名称"列的"编号"字段，将其改为"学号"。

③ 右击"学号"字段，然后在弹出的快捷菜单中执行"主键"命令。

④ 单击快速访问工具栏上的"保存"按钮，保存表的修改。

（2）这一步考查设置有效性规则的操作。具体步骤如下。

① 打开数据库文件"samp1.accdb"，并且打开"tStud"表的设计视图。

② 选中"入校时间"字段，然后设置"字段属性"区中"有效性规则"的属性为"<#2005-01-01#"。

③ 单击快速访问工具栏上的"保存"按钮，保存表的修改。

（3）这一步考查修改表结构的操作。具体步骤如下。

① 打开"tStud"表的设计视图。

② 将光标移到"照片"字段的位置上，执行"设计"→"工具"→"删除行"命令，弹出删除字段提示对话框。

③ 单击"是"按钮，则删除了该字段。

④ 单击快速访问工具栏上的"保存"按钮，保存表的修改。

（4）这一步考查删除记录的操作。具体步骤如下。

① 打开"tStud"表的设计视图。

② 单击"学号"字段为"000003"的记录所在行中的任意位置，执行"开始"→"记录"→"删除"命令，弹出删除记录提示对话框。

③ 单击"是"按钮，则删除了该记录。

④ 单击"学号"字段为"000011"的记录所在行中的任意位置，执行"开始"→"记录"→"删除"命令，弹出删除记录提示对话框。

⑤ 单击"是"按钮，则删除了该记录。

⑥ 单击快速访问工具栏上的"保存"按钮，保存表的修改。

（5）这一步考查设置字段默认值的操作。具体步骤如下。

① 打开数据库文件"samp1.accdb"，并且打开"tStud"表的设计视图。

② 选中"年龄"字段，然后设置"字段属性"区中"默认值"的属性为"23"。

③ 单击快速访问工具栏上的"保存"按钮，保存表的修改。

（6）这一步考查将外部数据导入数据库中表的操作。具体步骤如下。

① 在数据库窗口中，执行"外部数据"→"导入并链接"→"文本文件"命令，这时打开"获取外部数据-文本文件"对话框，如图 3.7.1 所示。

图 3.7.1 "获取外部数据-文本文件"对话框

② 单击"浏览"按钮选择"tStud.txt"文件的位置。

③ 单击"确定"按钮，弹出"导入数据表向导"对话框。

④ 在该对话框中，确定是否带分隔符，单击"下一步"按钮。

⑤ 选择分隔符为"逗号"，选中"第一行包含列标题"复选框，然后单击"下一步"按钮。

⑥ 更改字段名称、数据类型及索引，控制字段导入与否，单击"下一步"按钮。

⑦ 确定"学号"为主键，然后单击"下一步"按钮。

⑧ 在"导入到表"文本框中输入"tStud"，单击"完成"按钮。

简单应用题

在本书素材\上机题库\7 文件夹下，"samp2.accdb"数据库文件中已经设计了表对象"tStaff"和"tTemp"及窗体对象"fTest"，试按以下要求完成设计。

（1）创建一个查询，查找并显示具有研究生学历的教师的"编号"、"姓名"、"性别"和"政治面目"4 个字段的内容，所建查询命名为"qT1"。

（2）创建一个查询，查找并统计教师按照性别进行分类的平均年龄，然后显示出标题为"性别"和"平均年龄"的两个字段的内容，所建查询命名为"qT2"。

（3）创建一个参数查询，查找教师的"编号"、"姓名"、"性别"和"职称"4 个字段的内容，其中"性别"字段的准则条件为参数，要求引用窗体对象"fTest"上控件"tSex"的值，所建查询命名为"qT3"。

（4）创建一个查询，删除表"tTemp"对象中所有姓"李"的记录，所建查询命名为"qT4"。

答案提示

本题考查对 Access 中创建查询的操作。

（1）本题在设计视图中创建查询，过程如下。

① 打开数据库文件"samp2.accdb"，执行"创建"→"查询"→"查询设计"命令。

② 在"显示表"对话框中单击"表"选项卡，单击"tStaff"表，然后单击"添加"按钮，最后单击"关闭"按钮。

③ 分别双击"编号"、"姓名"、"性别"、"政治面目"和"学历"字段，然后取消选中"学历"字段列"显示"行单元格中的复选框。

④ 在"学历"字段列的"条件"行单元格中输入条件"研究生"。

⑤ 单击快速访问工具栏上的"保存"按钮，弹出"另存为"对话框，在"查询名称"文本框中输入"qT1"，然后单击"确定"按钮。

（2）本题考查在查询中进行计算的操作，过程如下。

① 打开数据库文件"samp2.accdb"，执行"创建"→"查询"→"查询设计"命令。

② 在"显示表"对话框中单击"表"选项卡，单击"tStaff"表，然后单击"添加"按钮，最后单击"关闭"按钮。

③ 分别双击"性别"和"年龄"字段，更改"学分"字段为"平均年龄：年龄"。

④ 执行"设计"→"显示/隐藏"→"汇总"命令。

⑤ 单击"平均年龄：年龄"字段列的"总计"行单元格，并单击其右侧的下拉按钮，在弹出的下拉列表中选择"Avg"函数。

⑥ 单击快速访问工具栏上的"保存"按钮，弹出"另存为"对话框，在"查询名称"文本框中输入"qT2"，然后单击"确定"按钮。

（3）本题考查创建参数查询的操作，过程如下。

① 打开数据库文件"samp2.accdb"，执行"创建"→"查询"→"查询设计"命令。

② 在"显示表"对话框中单击"表"选项卡，单击"tStaff"表，然后单击"添加"按钮，最后单击"关闭"按钮。

③ 分别双击"编号"、"姓名"、"性别"和"职称"字段，由于已有一个建好的"tTest"窗体，所以在设计"性别"的设计视图的"条件"中，应包含有"[Forms]![fTest]"，同时，由于窗体中输入查询性别的控件名称为"tSex"，所以在"性别"字段列的"条件"行单元格中输入"[Forms]![fTest]![tSex]"。

④ 单击快速访问工具栏上的"保存"按钮，弹出"另存为"对话框，在"查询名称"文本框中输入"qT3"，然后单击"确定"按钮。

（4）这一步考查创建删除查询的操作。具体步骤如下。

① 打开数据库文件"samp2.accdb"，执行"创建"→"查询"→"查询设计"命令。

② 在"显示表"对话框中单击"表"选项卡，单击"tTemp"表，最后单击"关闭"按钮。

③ 执行"设计"→"查询类型"→"删除"命令。

④ 双击字段列表中的"姓名"字段，在该字段的列"删除"行单元格中显示"Where"。

⑤ 在"姓名"字段列的"条件"行单元格中输入条件"Left([姓名],1)="李""。

⑥ 单击快速访问工具栏上的"保存"按钮，弹出"另存为"对话框，在"查询名称"文本框中输入"qT4"，然后单击"确定"按钮。

综合应用题

在本书素材\上机题库\7 文件夹下，"samp3.accdb"数据库文件中已经设计好了表对象"tEmp"、窗体对象"fEmp"、报表对象"rEmp"和宏对象"mEmp"。试在此基础上按照以下要求完成补充设计。

（1）将报表"rEmp"的报表页眉中名为"bTittle"的标签控件的标题显示为"职工基本信息表"，同时将其安排在距上边 0.5 厘米，距左侧 5 厘米的位置。

（2）设置报表"rEmp"的主体中的"tSex"文本框控件显示"性别"字段数据。

（3）将考生文件夹下的图像文件"test.bmp"设置为"fEmp"的背景，同时，将窗体按钮"btnP"的"单击"事件属性设置为宏"mEmp"，以完成按钮单击打开报表的操作。

注意：不允许修改数据库中的表对象"tEmp"和宏对象"mEmp"；不允许修改窗体对象"fEmp"和报表对象"rEmp"涉及的控件和属性。

答案提示

本题考查窗体、报表和宏的编辑等操作。

（1）在报表中设置标签控件属性的具体步骤如下。

① 打开报表"rEmp"的设计视图。

② 按照题目要求设置相关属性：选中报表页眉中名为"bTitle"的标签控件，执行"设计"→"工具"→"属性表"命令，打开"属性表"窗口，单击"格式"选项卡，在"标题"属性框中输入"职工基本信息表"，在"左边距"属性框中输入"5 厘米"，在"上边距"属性框中输入"0.5 厘米"。

③ 单击快速访问工具栏上的"保存"按钮，保存对报表的修改。

（2）在报表中，设置文本框控件源属性的具体步骤如下。

① 打开报表"rEmp"的设计视图。

② 按照题目要求设置相关属性：选中"tSex"文本框，执行"设计"→"工具"→"属性表"命令，打开"属性表"窗口，单击"数据"选项卡，在"控件来源"属性框中选择"性别"选项。

③ 单击快速访问工具栏上的"保存"按钮，保存对报表的修改。

（3）设置窗体属性和命令按钮"单击"事件的具体步骤如下。

① 打开窗体"fEmp"的设计视图，执行"设计"→"工具"→"属性表"命令，打开"属性表"窗口。

② 在"属性表"窗口中，单击"格式"选项卡，在"图片"属性框中输入"test.bmp"图片所在的路径和文件名。

③ 选中命令按钮"btnP"，执行"设计"→"工具"→"属性表"命令，打开"属性表"窗口。

④ 在"属性表"窗口中，单击"事件"选项卡，在"单击"属性框中选择"mEmp"选项。

⑤ 单击快速访问工具栏上的"保存"按钮，保存对窗体的修改。

第八套

在本书素材\上机题库\8 文件夹下，"samp1.accdb"数据库文件中已经设计了表对象"tStud"。请按照以下要求，完成对表的修改。

（1）设置数据表显示的字体大小为"14"，行高为"18"。

（2）设置"简历"字段的设计说明为"自上大学起的简历信息"。

（3）将"入校时间"字段的显示设置为"××月××日××××"形式。

注意：要求月、日为两位显示，年四位显示，如"12 月 15 日 2005"。

（4）将学号为"20011002"学生的"照片"字段数据设置成考生文件夹下的"photo.bmp"图像文件。

（5）将冻结的"姓名"字段解冻。

（6）完成上述操作后，将"备注"字段删除。

答案提示

（1）这一步考查调整表外观的操作，具体步骤如下。

① 在数据库窗口的"表"对象下，双击表"tStud"。

② 单击"开始"选项卡，在"字号"列表中选择大小 14。

③ 右击任一行左边记录选定区，出现行高对话框，并输入 18，单击"确定"按钮。

④ 单击快速访问工具栏上的"保存"按钮，保存修改的表。

（2）这一步考查设置说明的操作，具体步骤如下。

① 打开数据库文件"samp1.accdb"，并打开表"tStud"的设计视图。

② 选中"简历"字段的"说明"项，输入"自从上大学起的简历信息"。

③ 单击快速访问工具栏上的"保存"按钮，对修改的表进行保存。

（3）这一步考查日期显示格式的操作，具体步骤如下。

① 打开数据库文件"samp1.accdb"，并打开表"tStud"的设计视图。

② 选中"入校时间"字段的"格式"项，输入"mm/月 dd/日/yyyy"。

③ 单击快速访问工具栏中的"保存"按钮，对修改的表进行保存。

（4）这一步考查对表中类型为 OLE 的对象的字段输入数据的操作。

① 在数据库窗口的"表"对象下，双击表"tStud"。

② 查找到学号为"20011002"的记录，单击该记录的"照片"字段，右击，在弹出的快捷菜单中执行"插入对象"命令，此时会弹出"插入对象"对话框。

③ 在"对象类型"列表中选择"画笔图片"选项，单击"确定"按钮，此时打开"画图"窗口。

④ 在"画图"窗口中执行"编辑"→"粘贴来源"命令，弹出"粘贴自"对话框。

⑤ 在该对话框的"查找范围"中找到考生文件，在显示照片的列表中选择"photo.bmp"选项，然后单击"打开"按钮，最后关闭程序框。

（5）这一步考查"冻结列"的操作，具体步骤如下。

① 在数据库窗口的"表"对象下，双击表"tStud"。

② 执行"开始"→"记录"→"其他"→"取消对所有列的冻结"命令。

③ 单击快速访问工具栏中的"保存"按钮，对修改的表进行保存。

（6）这一步考查修改表结构的操作，具体步骤如下。

① 打开表"tStud"的设计视图。

② 在"备注"字段上右击，在弹出的快捷菜单中执行"删除行"命令，此时弹出删除字段提示对话框。

③ 单击"是"按钮，则删除了该字段。

④ 单击快速访问工具栏中的"保存"按钮，对修改的表进行保存。

简单应用题

在本书素材\上机题库\8 文件夹下，"samp2.accdb"数据库文件中已经设计了两个表对象"tStud"和"tScore"。试按照以下要求完成设计。

（1）创建一个查询，查找并显示学生的"学号"、"姓名"、"性别"、"年龄"和"团员否"5 个字段内容，所查询命名为"qStud1"。

（2）建立"tStud"和"tScore"两表之间的一对一关系。

（3）创建一个查询，查找并显示数学成绩不及格的学生的"姓名"、"性别"和"数学"3 个字段内容，所建查询命名为"qStud2"。

（4）创建一个查询，计算并显示"学号"和"平均成绩"两个字段内容，其中平均成绩是计算数学、计算机和英语三门成绩的平均值，所建查询命名为"qStud3"。

注意：不允许修改表对象"tSdud"和"tScore"的结构及记录数据的值，选择查询只返回选了课的学生的相关信息。

答案提示

（1）本题在设计视图中创建查询。

① 打开数据库文件"samp2. accdb"，执行"创建"→"查询"→"查询设计"命令。

② 在"显示表"对话框中单击"表"选项卡，单击表"tStud"，单击"添加"按钮，然后单击"关闭"按钮。

③ 添加"学号"、"姓名"、"性别"、"年龄"、"团员否"字段。

④ 单击快速访问工具栏中的"保存"按钮，弹出"另存为"对话框，输入"qStud1"，然后单击"确定"按钮。

（2）这一步考查建立表间关联关系的操作。

① 执行"数据库工具"→"关系"→"关系"命令，打开"关系"窗口。

② 在表"tStud"中单击"学号"字段，将其拖动到表"tStud1"中的"学号"字段中，松开鼠标左键则弹出"编辑关系"对话框，单击"创建"按钮。

③ 单击快速访问工具栏上的"保存"，保存对关系的建立。

（3）这一步考查在设计视图中建立查询的操作。

① 打开数据库文件"samp2.accdb"，执行"创建"→"查询"→"查询设计"命令。

② 在"显示表"对话框中，分别单击表"tScore"和"tStud"，并单击"添加"按钮。

③ 添加"学号"、"姓名"、"性别"、"数学"字段。

④ 在"数学"字段列的"条件"行单元格内输入"<60"。

⑤ 单击快速访问工具栏上的"保存"按钮，弹出"另存为"对话框，输入"qStud2"，然后单击"确定"按钮。

（4）这一步考查在设计视图中建立查询的操作。

① 打开数据库文件"samp2.accdb"，执行"创建"→"查询"→"查询设计"命令。

② 在"显示表"对话框中单击"表"选项卡，单击表"tScore"，单击"添加"按钮，然后单击"关闭"按钮。

③ 双击"学号"字段。

④ 在字段的第二列单元格内输入"平均成绩([tScore]![数学]+ [tScore]![英语]+[tScore]![计算机])/3"。

⑤ 单击快速访问工具栏上的"保存"按钮，弹出"另存为"对话框，输入"qStud3"，然后单击"确定"按钮。

综合运用题

在本书素材\上机题库\8 文件夹下，"samp3.accdb"数据库文件中已经设计了窗体对象"fStaff"。试在此基础上按照以下要求补充窗体设计。

（1）在窗体的窗体页眉中添加一个标签控件，其名称为"bTitle"，标题显示为"员工信息输出"。

（2）在主体中添加一个选项组控件，将其命名为"opt"，选项组标签显示内容为"性别"，名称为"bopt"。

（3）在选项组内放置两个选项按钮控件，选项按钮分别命名为"opt1"和"opt2"，选项按钮标签显示内容分别为"男"和"女"，名称分别为"bopt1"和"bopt2"。

（4）在窗体页脚中添加两个命令按钮控件，分别命名为"bOk"和"bQuit"，按钮标题分别为"确定"和"退出"。

（5）将窗体标题设置为"员工信息输出"。

注意：不允许修改窗体对象"fStaff"中已设置好的属性。

答案提示

（1）在窗体页眉页脚中添加标签控件的步骤如下。

① 打开窗体"fStaff"的设计视图，在窗体页眉中添加标签控件，并输入"员工信息输出"。

② 按题目要求设置相关属性，选中该控件打开"属性表"窗口，在"名称"属性框中输入"bTitle"。

③ 单击快速访问工具栏上的"保存"按钮，保存对窗体的修改。

（2）在窗体页脚中添加选项组控件的步骤如下。

① 打开窗体"fStaff"的设计视图，执行"设计"→"控件"→"选项组"命令，添加选项组控件到窗体的主体中，此时打开"选项组向导"，单击"取消"按钮。

② 选中选项组控件，打开"属性表"窗口，单击"其他"选项卡，在"名称"属性框中输入"opt"。

③ 选中选项组标签控件，打开"属性表"窗口，单击"其他"选项卡，在"名称"属性框中输入"bopt"，单击"格式"选项卡，在"标题"属性框中输入"性别"。

④ 单击快速访问工具栏上的"保存"按钮，保存对窗体的修改。

（3）在选项组中添加选项按钮控件的步骤如下。

① 打开窗体"fStaff"的设计视图，分两次执行"设计"→"控件"→"选项按钮"命令，添加选项按钮到选项组"opt"中。

② 选中第一个选项按钮，打开"属性表"窗口，单击"其他"选项卡，在"名称"属性框中输入"bopt1"；单击"格式"选项卡，在"标题"属性框中输入"男"。

③ 类似地，设置第一个选项按钮和选项按钮标签的属性。

④ 单击快速访问工具栏上的"保存"按钮，保存对窗体的修改。

（4）在窗体页脚中添加命令按钮控件的步骤如下。

① 打开窗体"fStaff"的设计视图，执行"设计"→"控件"→"命令按钮"命令，添加命令按钮到窗体的页脚中，此时打开"命令按钮向导"，单击"取消"按钮。

② 类似地添加第二个命令按钮。

③ 按照题目要求设置相关属性，选中第一个命令按钮，打开"属性表"窗口，设置"标题"属性为"确定"，"名称"属性为"bOk"；选中第二个命令按钮，打开"属性表"窗口，设置"标题"属性为"退出"，"名称"属性为"bQuit"。

④ 单击快速访问工具栏上的"保存"按钮，保存对窗体的修改。

（5）设置窗体标题的步骤如下。

① 打开窗体"fStaff"的设计视图，打开"属性表"窗口。

② 在"属性表"窗口中单击"格式"选项卡，在"标题"属性框中输入"员工信息输出"。

③ 单击快速访问工具栏上的"保存"按钮，保存对窗体的修改。

第四部分　全国计算机等级考试真题及解析（Access）

2010年3月计算机等级考试二级 Access 笔试试题

一、选择题（每小题2分，共70分）

下列各题 A、B、C、D 四个选项中，只有一个选项是正确的。请将正确选项填涂在答题卡相应位置上，答在试卷上不得分。

1．下列叙述中正确的是（　　　）。
    A．对长度为 n 的有序链表进行查找，最坏情况下需要的比较次数为 n
    B．对长度为 n 的有序链表进行对分查找，最坏情况下需要的比较次数为（$n/2$）
    C．对长度为 n 的有序链表进行对分查找，最坏情况下需要的比较次数为（$\log_2 n$）
    D．对长度为 n 的有序链表进行对分查找，最坏情况下需要的比较次数为 n（$\log_2 n$）

2．算法的时间复杂度是指（　　　）。
    A．算法的执行时间
    B．算法所处理的数据量
    C．算法程序中的语句或指令条数
    D．算法在执行过程中所需要的基本运算次数

3．软件按功能可以分为应用软件、系统软件和支撑软件（或工具软件），下面属于系统软件的是（　　　）。
    A．编辑软件　　　　　B．操作系统　　　　C．教务管理系统　　　D．浏览器

4．软件（程序）调试的任务是（　　　）。
    A．诊断和改正程序中的错误　　　　　　　B．尽可能多地发现程序中的错误
    C．发现并改正程序中的所有错误　　　　　D．确定程序中错误的性质

5．数据流程图（DFD图）是（　　　）。
    A．软件概要设计的工具　　　　　　　　　B．软件详细设计的工具
    C．结构化方法的需求分析工具　　　　　　D．面向对象方法的需求分析工具

6．软件生命周期可分为定义阶段、开发阶段和维护阶段，详细设计属于（　　　）。
    A．定义阶段　　　　　B．开发阶段　　　　C．维护阶段　　　　　D．上述3个阶段

7．数据库管理系统中负责数据模式定义的语言是（　　　）。
    A．数据定义语言　　　　　　　　　　　　B．数据管理语言
    C．数据操纵语言　　　　　　　　　　　　D．数据控制语言

8．在学生管理的关系数据库中，存取一个学生信息的数据单位是（　　　）。
    A．文件　　　　　　　B．数据库　　　　　C．字段　　　　　　　D．记录

9．数据库设计中，用 E-R 图来描述信息结构但不涉及信息在计算机中的表示，它属于数据库设计的（　　）。

  A．需求分析阶段　　　　　　　　　　B．逻辑设计阶段

  C．概念设计阶段　　　　　　　　　　D．物理设计阶段

10．有两个关系 R 和 T 如下：

R

A	B	C
a	1	2
b	2	2
c	3	2
d	3	2

T

A	B	C
c	3	2
d	3	2

则由关系 R 得到关系 T 的操作是（　　）。

  A．选择　　　　　　B．投影　　　　　　C．交　　　　　　D．并

11．下列关于关系数据库中数据表的描述，正确的是（　　）。

  A．数据表相互之间存在联系，但用独立的文件名保存

  B．数据表相互之间存在联系，用表名表示相互间的联系

  C．数据表相互之间不存在联系，完全独立

  D．数据表既相对独立，又相互联系

12．下列对数据输入无法起到约束作用的是（　　）。

  A．输入掩码　　　　B．有效性规则　　　C．字段名称　　　　D．数据类型

13．Access 中，设置为主键的字段（　　）。

  A．不能设置索引　　　　　　　　　　B．可设置为"有(有重复)"索引

  C．系统自动设置索引　　　　　　　　D．可设置为"无"索引

14．输入掩码字符"&"的含义是（　　）。

  A．必须输入字母或数字

  B．可以选择输入字母或数字

  C．必须输入一个任意的字符或一个空格

  D．可以选择输入任意的字符或一个空格

15．在 Access 中，如果不想显示数据表中的某些字段，可以使用的命令是（　　）。

  A．隐藏　　　　　　B．删除　　　　　　C．冻结　　　　　　D．筛选

16．通配符"#"的含义是（　　）。

  A．通配任意个数的字符

  B．通配任何单个字符

  C．通配任意个数的数字字符

  D．通配任何单个数字字符

17．若要求在文本框中输入文本时达到密码"*"的显示效果，则应该设置的属性是（　　）。

  A．默认值　　　　　　B．有效性文本　　　C．输入掩码　　　　D．密码

18．假设"公司"表中有编号、名称、法人等字段，查找公司名称中有"网络"二字的公司信息，正确的命令是（　　）。

  A．Select * From 公司 For 名称=" *网络* "

  B．Select * From 公司 For 名称 Like "*网络*"

C. Select * From 公司 Where 名称="*网络*"

D. Select * From 公司 Where 名称 Like"*网络*"

19. 利用对话框提示用户输入查询条件，这样的查询属于（　　　　）。

    A. 选择查询　　　　　　　B. 参数查询　　　　C. 操作查询　　　　　　　D. SQL 查询

20. 在 SQL 查询中"Group By"的含义是（　　　）。

    A. 选择行条件　　　　　　　　　　　　　　B. 对查询进行排序

    C. 选择列字段　　　　　　　　　　　　　　D. 对查询进行分组

21. 在调试 VBA 程序时，能自动被检查出来的错误是（　　　）。

    A. 语法错误　　　　　　　B. 逻辑错误　　　　C. 运行错误

22. 为窗体或报表的控件设置属性值的正确宏操作命令是（　　　）。

    A. Set　　　　　　　　　B. SetData　　　　C. SetValue　　　　D. SetWarnings

23. 在已建窗体中有一命令按钮（名为 Commandl），该按钮的"单击"事件对应的 VBA 代码为：

```
Private Sub Commandl_Click()
subT.Form.RecordSource="Select * From 雇员"
End Sub
```

单击该按钮实现的功能是（　　　）。

    A. 使用 Select 命令查找"雇员"表中的所有记录

    B. 使用 Select 命令查找并显示"雇员"表中的所有记录

    C. 将 subT 窗体的数据来源设置为一个字符串

    D. 将 subT 窗体的数据来源设置为"雇员"表

24. 在报表设计过程中，不适合添加的控件是（　　　）。

    A. 标签控件　　　　　　　　　　　　　　B. 图形控件

    C. 文本框控件　　　　　　　　　　　　　D. 选项组控件

25. 下列关于对象"更新前"事件的叙述中，正确的是（　　　）。

    A. 在控件或记录的数据变化后发生的事件

    B. 在控件或记录的数据变化前发生的事件

    C. 当窗体或控件接收到焦点时发生的事件

    D. 当窗体或控件失去了焦点时发生的事件

26. 下列属于通知或警告用户的命令是（　　　）。

    A. PrintOut　　　　　　　　　　　　　　B. OutputTo

    C. MsgBox　　　　　　　　　　　　　　D. RunWarnings

27. 能够实现从指定记录集里检索特定字段值的函数是（　　　）。

    A. Nz　　　　　　　　　B. Find　　　　　C. Lookup　　　　D. DLookup

28. 如果 X 是一个正的实数，保留两位小数、将千分位四舍五入的表达式是（　　　）。

    A. 0.01*Int(X+0.05)

    B. 0.01*Int(100*(X+0.005))

    C. 0.01*Int(X+0.005)

    D. 0.01*Int(100*(X+0.05))

29. 在模块的声明部分使用"Option Base 1"语句，然后定义二维数组 A(2 to 5,5)，则该数组的元素个数为（　　　）。

A. 20   B. 24   C. 25   D. 36

30. 由"For i=1 To 9 Step -3"决定的循环结构，其循环体将被执行（   ）。

A. 0 次   B. 1 次   C. 4 次   D. 5 次

31. 在窗体上有一个命令按钮 Command1 和一个文本框 Text1，编写事件代码如下：

```
Private Sub Command1_Click()
Dim i,j,x
For i=1 To 20 step 2
x=0
For j=To 20 step 3
x=x + 1
Next j
Next i
Text1.Value=Str(x)
End Sub
```

打开窗体运行后，单击命令按钮，文本框中显示的结果是（   ）。

A. 1   B. 7   C. 17   D. 400

32. 在窗体上有一个命令按钮 Command1，编写事件代码如下：

```
Private Sub Command1_Click()
Dim y As Integer
y=0
Do
y=InputBox("y=")
If (y Mod 10)+Int(y/10)=10 Then Debug.Print y;
Loop Until y=0
End Sub
```

打开窗体运行后，单击命令按钮，依次输入 10、37、50、55、64、20、28、19、-19、0，立即窗口上输出的结果是（   ）。

A. 37 55 64 28 19 19   B. 10 50 20

C. 10 50 20 0   D. 37 55 64 28 19

33. 在窗体上有一个命令按钮 Command1，编写事件代码如下：

```
Private Sub Command1_Click()
Dim x As Integer, y As Integer
x=12: y=32
Call Proc(x, y)
Debug.Print x; y
End Sub
Public Sub Proc(n As Integer, ByVal m As Integer)
n=n Mod 10
m=m Mod 10
End Sub
```

打开窗体运行后，单击命令按钮，立即窗口上输出的结果是（   ）。

A. 2 32   B. 12 3   C. 2 2   D. 12 32

34. 在窗体上有一个命令按钮 Command1，编写事件代码如下：

```
Private Sub Command1_Click()
Dim d1 As Date
Dim d2 As Date
d1=#12/25/2009#
```

```
d2=#1/5/2010#
MsgBox DateDiff("ww", d1, d2)
End Sub
```

打开窗体运行后，单击命令按钮，消息框中输出的结果是（　　）。

　　A．1　　　　　　　　　B．2　　　　　　　C．10　　　　　　　D．11

35．下列程序段的功能是实现"学生"表中"年龄"字段值加 1：

```
Dim Str As String
Str=" "
Docmd.RunSQL Str
```

空白处应填入的程序代码是（　　）。

　　A．年龄=年龄+1　　　　　　　　　B．Update 学生 Set 年龄=年龄+1

　　C．Set 年龄=年龄+1　　　　　　　D．Edit 学生 年龄=年龄+1

二、填空题（每空 2 分，共 30 分）

请将每一个空的正确答案写在答题卡【1】～【15】序号的横线上，答在试卷上不得分。

1．一个队列的初始状态为空。现将元素 A，B，C，D，E，F，5，4，3，2，1 依次入队，再依次退队，则元素退队的顺序为【1】。

2．设某循环队列的容量为 50，如果头指针 front=45（指向队头元素的前一位置），尾指针 rear=10（指向队尾元素），则该循环队列中共有【2】个元素。

3．设二叉树如下：

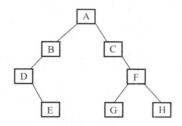

对该二叉树进行后序遍历的结果为【3】。

4．软件是【4】、数据和文档的集合。

5．有一个学生选课的关系，其中学生的关系模式为：学生（学号，姓名，班级，年龄），课程的关系模式为：课程（课号，课程名，学时），其中两个关系模式的键分别是学号和课号，则关系模式选课可定义为：选课（学号，【5】，成绩）。

6．下图所示的窗体上有一个命令按钮（名称为 Command1）和一个选项组（名称为 Frame1），选项组上显示"Frame1"文本的标签控件名称为 Label1，若将选项组上显示文本"Frame1"改为汉字"性别"，应使用的语句是【6】。

7. 在当前窗体上，若要实现将焦点移动到指定控件，应使用的宏操作命令是【7】。

8. 使用向导创建数据访问页时，在确定分组级别步骤中最多可设置【8】个分组字段。

9. 在窗体文本框 Text1 中输入"456AbC"后，立即窗口上输出的结果是【9】。

```
Private Sub Textl_KeyPress(KeyAscii As Integer)
Select Case DeyAscii
Case 97 To 122
Debug.Print Ucase(Chr(KeyAscii));
Case 65 To 90
Debug.Print Lcase(Chr(KeyAscii));
Case 48 To 57
Debug.Print Chr(KeyAscii);
Case Else
KeyAscii=0
End Select
End Sub
```

10. 在窗体上有一个命令按钮 Command1，编写事件代码如下：

```
Private Sub Command1_Click()
Dim a(10), p(3) As Integer
k=5
For i=1 To 10
a(i)=i*i
Next i
For i=1 To 3
p(i)=a(i*i)
Next i
For i=1 To 3
k=k+p(i)*2
Next i
MsgBox k
End Sub
```

打开窗体运行后，单击命令按钮，消息框中输出的结果是【10】。

11. 下列程序的功能是找出被5、7除，余数为1的最小的5个正整数。请在程序空白处填入适当的语句，使程序可以完成指定的功能。

```
Private Sub Form_Click()
Dim Ncount%, n%
n=n+1
If 【11】 Then
Debug.Print n
Ncount=Ncount+1
End If
Loop Until Ncont=5
End Sub
```

12. 以下程序的功能是在立即窗口中输出 100～200 所有的素数，并统计输出素数的个数。请在程序空白处填入适当的语句，使程序可以完成指定的功能。

```
Private Sub Command2_Click()
Dim i%, j%, k%, t%        't 为统计素数的个数
Dim b As Boolean
For i=100 To 200
b=True
k=2
j=Int(Sqr(i))
Do While k<=j And b
If I Mod k=0 Then
b=【12】
End If
k=【13】
Loop
If b=True Then
t=t+1
Debug.Print i
End If
Next i
Debug.Print "t="; t
End Sub
```

13. 数据库中有工资表，包括"姓名"、"工资"和"职称"等字段，现要对不同职称的职工增加工资，规定教授职称增加 15%，副教授职称增加 10%，其他人员增加 5%。下列程序的功能是按照上述规定调整每位职工的工资，并显示所涨工资之总和。请在空白处填入适当的语句，使程序可以完成指定的功能。

```
Private Sub Command5_Click()
Dim ws As DAO.Workspace
Dim db As DAO.Database
Dim rs As DAO.Recordset
Dim gz As DAO.Field
Dim zc As DAO.Field
Dim sum As Currency
Dim rate As Single
Set db=CurrentDb()
Set rs=db.OpenRecordset("工资表")
Set gz=rs.Fields("工资")
Set zc=rs.Fields("职称")
sum=0
Do While Not 【14】
rs.Edit
Select Case zc
Case Is="教授"
rate=0.15
Case Is="副教授"
rate=0.1
Case Else
rate=0.05
```

```
End Select
sum=sum+gz*rate
gz=gz+gz*rate
【15】
rs.MoveNext
Loop
rs.Close
db.Close
Set rs=Nothing
Set db=Nothing
MsgBox "涨工资总计:" & sum
End Sub
```

2010 年 3 月计算机等级考试二级 Access 笔试试题解析

一、选择题

1. C。考查查找最坏情况下比较次数。对长度为 n 的线性表，若为无序表或有序线性表的链式存储方式，都只能用顺序查找，最坏情况下比较次数为 n。而不管以哪种形式的线性表，用二分法查找（对分查找），次数都为（$\log_2 n$）。

2. D。考查算法时间复杂度的概念。算法时间复杂度是指执行算法所需要的计算工作量。在度量一个算法的工作量时，以在执行过程中所需要基本运算的执行次数来度量，与所需要时间、数据量、语句或指令条数具体内容无关。

3. B。考查软件功能分类的特性。按功能分为应用软件、系统软件、支撑软件（或工具软件）。系统软件是计算机管理自身资源，提高计算机使用效率并为计算机用户提供各种服务的软件，如操作系统、编译程序、汇编程序、网络软件、数据库管理系统等。编辑软件、教务管理系统属于应用软件。浏览器属于窗口，软件的一部分。

4. A。考查软件（程序）的调试知识。调试的任务是诊断和改正程序中的错误。B 选项为软件测试的任务。C、D 选项是软件调试的原则。

5. C。考查分析设计阶段出现的工具。结构化分析方法中的工具有：DFD，用来描述数据处理过程的工具，是需求理解的逻辑模型的图形表示；DD（数据字典），用来描述所有与系统相关的数据元素的一个有组织的列表；结构图（SC）为软件概要设计的工具；PFD（程序流程图）、N-S（盒图）、PAD（问题分析图）等。

6. B。考查软件生命周期的构成。可行性研究、需求分析属于定义阶段；概要设计、详细设计、实现、测试属于开发阶段；使用、维护、退役属于维护阶段。

7. A。考查数据库管理系统中提供相应的数据语言。数据语言有：数据定义语言（DDL），负责数据的模式定义与数据的物理存取构建；数据操纵语言（DML），负责数据的操纵，包括查询及增、删、改等操作；数据控制语言（DCL），负责数据完整性、安全性的定义与检查及并发控制、故障恢复等。

8. D。考查关系数据库中的数据单位。存取一个学生信息，在关系中应该是元组，相应的文件中是记录。字段是其中一个或多个数据项，是数据的最小单位。而 D 选项符合题意。

9．C。考查数据抽象模型知识。在数据库概念设计中，此目的是分析数据间内在的语义联系，在此基础上建立一个数据的抽象模型，但不涉及数据信息本身。于是 E-R 图产生了。当把 E-R 图转换成指定的关系数据库中的关系模式，则属于数据库的逻辑设计阶段。物理设计阶段处理内部内容，如索引设计、分区设计等。需要求分析阶段利用 DFD、DD 来实现数据处理。

10．A。考查关系运算。在关系运算中，分为集合运算、专门关系运算两种。集合运算有并、交、差等，要求两个关系必须具有相同的结构。并运算，产生元组增多；交运算，产生两关系共同的元组。差运算，减少元组。专门关系运算由选择、投影、连接构成。选择、投影都是针对一个关系运算的；连接是对两个及以上关系运算的。而 A 选项符合题意。

11．D。一方面，表不以独立文件的方式存在，但在表对象中，以不同的单位来进行区别的，同时，又通过表之间的关系来构建联系。

12．C。字段名称的正确叫法应该是"字段标题"，它主要用于表格的显示。

13．C。系统自动设置为"有（无重复）索引"。

14．C。"输入掩码"属性中，字符 A 表示必须输入字母或数字，a 表示可以选择输入字母或数字，&表示必须输入一个任意的字符或一个空格，C 表示可以选择输入任意的字符或一个空格。

15．A。

16．D。通配符件可以通配任何单个数字字符，*可以通配任意个数的字符，?可以通配任何单个字符。

17．C。没有"密码"这个属性，但是，可以先设置输入掩码，再在输入掩码中填入"密码"二字来完成这个效果（输入字符，显示为*）。

18．D。不能使用等号，只能使用 Like。含有"网络"二字，可以在首位，可以在中间，也可以在末尾，所以应该是"*网络*"。

19．B。参数查询利用对话框，提示用户输入参数，并检索符合所输参数的记录。用户可以建立一个参数提示的单参数查询，也可以建立多个参数提示的多参数查询.

20．D。在 SQL 上查询中，Group By 子句用于对查询进行分组，ASC 和 DESC 分别用于查询的升序排列和降序排列。

21．A。只能检查出语法错误，但逻辑错误是不能检查的。例如，当输入了 If 和 Then，但如果没有 End If,则会提示错误,但如果本应该是在 i>10 时运行循环体,但如果用了 Do Until i > 10⋯ Loop，则循环体不会按要求运行。

22．C。宏操作命令 SetValue 的功能是为窗口、窗口数据表或报表的段、控件、属性的值进行设置。

23．D。窗体的 RecordSource 属于设置窗体数据来源，而"Select * From 雇员"，则是选择该表中的所有记录。

24．D。报表在设计中，标签、图形及文本框都可以辅导数据或者文字、图片的输入，但选项组控件在设计过程中无法改变其值。

25．B。

26．C。MsgBox 命令显示包含警告、提示信息或其他信息的消息框。

27．D。DLookup 函数是从指定记录集里检索特定字段的值。它可以直接在 VBA、宏、查询表达式或计算控件中使用，而且主要用于检索来自外部表(而非数据源表)字段中的数据。

28．B。需要在千分位进行四舍五入操作，则最后结果肯定是精确到百分位的。而 Int 只能取整，无法取小数部分，因此，必须对转换对象进行一个先乘以一百，再除以一百的操作。而如果想在千分位进行四舍五入，又必须对千分位上进行加 5 的操作。这样，千分位上为 4 和 4 以下的，百分位不变，而千分位上 5 及 5 以上的，百分位将被加 1。

29．B。A(2 to 5, 5)第一个元素为 A(2,0)，最后一个元素是 A(5,5)，第一维上有 2～5 四种变化，而第二维上有 0～5 六种变化，因素元素数为 4×6，为 24 个。

30．A。对于步长为负数且循环变量的初值又比终值小的循环，会直接退出。根据题意执行循环结构，由于步长<0，循环变量值<终值，则循环结束退出，不执行循环体。

31．A。对于外层的 i 循环，因为其循环体第 1 句就是将 x 置 0，所以只用考虑其最后一次循环，最后一次后循环时，i 的值为 19。此时，里面循环 j 的初值为 19，终值为 20，步长为 3，则其循环体只运行一次，即 x 的值只加了一个 1。因此，答案为 1。

32．D。Do Loop While 循环是为了控制输入。而直接输出是在 Debug.Print y，即 If Then 这个选择中，此题的关键在于读懂"If (y Mod 10) + Int(y / 10)=10"这个条件，y Mod 10 是取 y 的个位上的数。而 Int (y / 10)则是相当于取 y 的十位上的数，满足这个条件的两位数的 y 值有 19、28、37、46、55、64、73、82、91，且只能为正数。因此，答案为 37 55 64 28 19。

33．A。考查对传值和传址的理解。传值为 ByVal，传址为 ByRef，默认如果不指定则为传址。对于传值，子过程中值的变化不会影响调用它的这个过程，而传址则不然。（亦可用实参、形参的概念进行理解）。

34．B。此题在于理解 DateDiff，这也是个比较偏的考点。DateDiff 有 3 个参数，第一个为差距的计算单位，第二个为时间起始点，第二个为时间终止点。ww 指单位为周，从 2009 年 12 月 25 日到 2010 年 1 月 5 日其中有两周。

35．B。对年龄字段加 1，需要使用 Update 的 SQL 语句，其中格式正确的只有 B 选项。

二、填空题

1．ABCDEF54321。考查队列先进先出（FIFO）知识。

2．15。考查队列先进先出（FIFO）知识。

3．EDBGHFCA。考查二叉树遍历知识。二叉树的遍历是指不重复地访问二叉树中的所有结点。分为 3 种：前序遍历、中序遍历、后序遍历。此题要求后序遍历，首先访问左子树，然后右子树，最后根结点，并且，在遍历左、右子树时，仍然先遍历左子树，然后右子树，最后根结点。后序遍历的过程也是一个递归的过程。于是先访问 BDE 中的 E，再回 D，B；访问右子树，先访问 FGH 中的 G，再 B，F，返上 C，最终是根 A。

4．程序。考查软件的概念知识。计算机软件是计算机系统中与硬件相互依存的另一部分，是包括程序、数据及相关文档的完整集合。

5．课号。考查关系连接知识。要实现学生选课，须在选课关系中含有学生信息和课程信息。则选课表通过学号、课号与相关表建立自然连接。

6．Label1.Caption = "性别"。选项组控件中的文字显示，是利用标签控件来实现的，题中的 Frame1 对应的标签控件名称为 Label1，要将这个选项组中显示的"Frame1"改为"性别"，则需要修改 Label1 的标题 Caption 属性。

7．SetFocus。要使焦点移到指定的控件，需要使用 GoToControl，而不是网上流传的 SetFocus，因为宏操作中没有 SetFocus 的操作。具体可以参考 Microsoft Office Online 的相关文档。

8．4。在向导中，最多可设置 4 个分组字段。

9．456aBc。KeyPress 事件是当键盘按下某个键后所执行的事件，其参数 KeyAscii 值为按下键所对应的 ASCII 值，Chr(KeyAscii(i))可以将相应的数值转换成字符，而 Ucase 是将小写字符转换成大写，而 Lcase 是将小写转换成大写。另外，ASCII 值 48～57 是数字 0～9，65～90 是字母 A～Z，97～122 是字母 a～z。因此，该题的答案应该是 456aBc。可参考 ASCII 码表。

10. 201。经过第一个 For 循环，a(i)中 a(1)～a(10)存的分别是 1～10 的平方。第二个循环后，p(i)中的 p(1)存有 a(1)的值，p(2)中存的是 a(4)的值，p(3)中存的是 a(9)的值，经过最后一个循环之后，K 的值应该为 201。

11. n Mod 5 = 1 And n Mod 7 = 1。题目要求在显示出最小的 5 个可以同时被 5 和 7 除后余 1 的整数。Do Loop Until Ncount = 5 循环进行整体控制，n = n + 1 保证是最小的 5 个正整数。而 If 控制的两个语句，一个是打印，一个是对找出的数进行计数。因此，If 的条件必定是满足要求的一条语句，要满足这个条件，必须分两方面，一是 i Mod 5 = 1，二是 i Mod 7 = 1，要同时满足，则可用 And 进行连接，答案为：(i Mod 5 = 1) And (i Mod 7 = 1)。

12. False；k+1。本题中，b 的目的是控制打开 Debug.Print i，而如果想要其不打开这个值，必须使得 If 后的条件为假，为假的办法就是使 b 为 False，因此，在第【12】空就应填 False。k 是 Do While 循环的递增变量，因此需要对其进行递增，即 k = k + 1。

13. rs.EOF；rs.UpDate。本题要求对所有的行进行操作，即要从第一行到最后一行，控制的办法就是查看数据集的 EOF 值，如果为真就到了最后一行。而为了使 While 循环的循环体对每一行进行操作，就必须使其条件在最后一行时为假，因此使用 Not rs.EOF。难点的 Not 已经由题目给出了。而对数据记进行操作之后，一定要使用 Update 进行更新，才能继续下一行的操作。

2010 年 9 月计算机等级考试二级 Access 笔试试题

一、选择题（每小题 2 分，共 70 分）

下列各题 A、B、C、D 四个选项中，只有一个选项是正确的。请将正确选项填涂在答题卡相应位置上，答在试卷上不得分。

1. 下列叙述中正确的是（　　）。
   A．线性表的链式存储结构与顺序存储结构所需要的存储空间是相同的
   B．线性表的链式存储结构所需要的存储空间一般要多于顺序存储结构
   C．线性表的链式存储结构所需要的存储空间一般要少于顺序存储结构
   D．上述 3 种说法都不对

2. 下列叙述中正确的是（　　）。
   A．在栈中，栈中元素随栈底指针与栈顶指针的变化而动态变化
   B．在栈中，栈顶指针不变，栈中元素随栈底指针的变化而动态变化
   C．在栈中，栈底指针不变，栈中元素随栈顶指针的变化而动态变化
   D．上述 3 种说法都不对

3. 软件测试的目的是（　　）。
   A．评估软件可能性
   B．发现并改正程序中的错误
   C．改正程序中的错误
   D．发现程序中的错误

4. 下列描述中，不属于软件危机表现的是（　　）。
   A．软件过程不规范
   B．软件开发生产率低

　　C．软件质量难以控制　　　　　　　　　　　　D．软件成本不断提高

5．软件生命周期是指（　　）。

　　A．软件产品从提出、实现、使用维护到停止使用退役的过程

　　B．软件从需求分析、设计、实现到测试完成的过程

　　C．软件的开发过程

　　D．软件的运行维护过程

6．面向对象方法中，继承是指（　　）。

　　A．一组对象所具有的相似性质　　　　　　　B．一个对象具有另一个对象的性质

　　C．各对象之间的共同性质　　　　　　　　　D．类之间共享属性和操作的机制

7．层次型、网状型和关系型数据库划分的原则是（　　）。

　　A．记录长度　　　　　　　　　　　　　　　B．文件的大小

　　C．联系的复杂程度　　　　　　　　　　　　D．数据之间的联系方式

8．一个工作人员可以使用多台计算机，而一台计算机可被多个人使用，则实体工作人员与实体计算机之间的联系是（　　）。

　　A．一对一　　　　　　B．一对多　　　　　　C．多对多　　　　　　D．多对一

9．数据库设计中反映用户对数据要求的模式是（　　）。

　　A．内模式　　　　　　B．概念模式　　　　　C．外模式　　　　　　D．设计模式

10．有 3 个关系 R、S 和 T 如下：

	R				S				T		
A	B	C			A	D		A	B	C	D
a	1	2			c	4		c	3	1	4
b	2	1									
c	3	1									

则由关系 R 和 S 得到关系 T 的操作是（　　）。

　　A．自然连接　　　　　B．交　　　　　　　　C．投影　　　　　　　D．并

11．在 Access 中要显示"教师"表中姓名和职称的信息，应采用的关系运算是（　　）。

　　A．选择　　　　　　　B．投影　　　　　　　C．连接　　　　　　　D．关联

12．学校图书馆规定，一名旁听生同时只能借一本书，一名在校生同时可以借 5 本书，一名教师同时可以借 10 本书，在这种情况下，读者与图书之间形成了借阅关系，这种借阅关系是（　　）。

　　A．一对一联系　　　B．一对五联系　　　　C．一对十联系　　　D．一对多联系

13．Access 数据库最基础的对象是（　　）。

　　A．表　　　　　　　　B．宏　　　　　　　　C．报表　　　　　　　D．查询

14．下列关于货币数据类型的叙述中，错误的是（　　）。

　　A．货币型字段在数据表中占 8 个字节的存储空间

　　B．货币型字段可以与数字型数据混合计算，结果为货币型

　　C．向货币型字段输入数据时，系统自动将其设置为 4 位小数

　　D．向货币型字段输入数据时，不必输入人民币符号和千位分隔符

15．若将文本型字段的输入掩码设置为"####-######"，则正确的输入数据是（　　）。

　　A．0755-abcdet　　B．077-12345　　　　C．acd-123456　　　D．####-######

16．如果在查询条件中使用通配符"[]"，其含义是（　　）。

A. 错误的使用方法

B. 通配不在括号内的任意字符

C. 通配任意长度的字符

D. 通配方括号内任一单个字符

17. 在 SQL 语言的 Select 语句中，用于实现选择运算的子句是（　　　）。

　　A. For　　　　　　　B. If　　　　　　　C. While　　　　　　D. Where

18. 在数据表视图中，不能进行的操作是（　　　）。

　　A. 删除一条记录　　B. 修改字段的类型　　C. 删除一个字段　　D. 修改字段的名称

19. 下列表达式计算结果为数值类型的是（　　　）。

　　A. #5/5/2010#-#5/1/2010#　　B. "102">"11"　　C. 102=98+4　　D. #5/1/2010#+5

20. 如果在文本框内输入数据后，按【Enter】键或按【Tab】键，输入焦点可立即移至下一指定文本框，应设置（　　　）。

　　A. "制表位"属性　　　　　　　　　　　B. "Tab 键索引"属性

　　C. "自动 Tab 键"属性　　　　　　　　　D. "Enter 键行为"属性

21. 在成绩中要查找成绩≥80 分且成绩≤90 分的学生，正确的条件表达式是（　　　）。

　　A. 成绩 Between 80 And 90　　　　　　　B. 成绩 Between 80 To 90

　　C. 成绩 Between 79 And 91　　　　　　　D. 成绩 Between 79 To 91

22. "学生"表中有"学号"、"姓名"、"性别"和"入学成绩"等字段。执行如下 SQL 命令后的结果是（　　　）。

　　Select Avg（入学成绩）From 学生表 Group By 性别

　　A. 计算并显示所有学生的平均入学成绩

　　B. 计算并显示所有学生的性别和平均入学成绩

　　C. 按性别顺序计算并显示所有学生的平均入学成绩

　　D. 按性别分组计算并显示不同性别学生的平均入学成绩

23. 若在"销售总数"窗体中有"订货总数"文本框控件，能够正确引用控件值的是（　　　）。

　　A. Forms.[销售总数].[订货总数]　　　　B. Forms![销售总数].[订货总数]

　　C. Forms.[销售总数]![订货总数]　　　　D. Forms![销售总数]![订货总数]

24. 因修改文本框中的数据而触发的事件是（　　　）。

　　A. Change　　　　　　B. Edit　　　　　　C. Getfocus　　　　　D. LostFocus

25. 在报表中，要计算"数学"字段的最低分，应将控件的"控件来源"属性设置为（　　　）。

　　A. =Min（[数学]）　　B. =Min（数学）　　C. =Min[数学]　　D. Min（数学）

26. 要将一个数字字符串转换成对应的数值，应使用的函数是（　　　）。

　　A. Val　　　　　　　B. Single　　　　　　C. Asc　　　　　　D. Space

27. 下列变量名中，合法的是（　　　）。

　　A. 4A　　　　　　　B. A-1　　　　　　　C. ABC_1　　　　　D. private

28. 若变量 i 的初值为 8，则下列循环语句中循环体的执行次数为（　　　）。

```
Do While i<=17
i=i+2
Loop
```

　　A. 3 次　　　　　　B. 4 次　　　　　　C. 5 次　　　　　　D. 6 次

29. InputBox 函数的返回值类型是（　　　）。

A. 数值   B. 字符串   C. 变体   D. 视输入的数据而定

30. 下列能够交换变量 X 和 Y 值的程序段是（   ）。

     A. Y=X:X=Y   B. Z=X:Y=Z:X=Y   C. Z=X:X=Y:Y=Z   D. Z=X:W=Y:Y=Z:X=Y

31. 窗体中有命令按钮 Command1，事件过程如下：

```
Public Function f (x As Integer) As Integer
Dim y As Integer
x=20
y=2
f=x*y
End Function
Private Sub Command1_Click()
Dim y As Integer
Static x As Integer
x=10
y=5
y=f (x)
Debug .Print x;y
End Sub
```

运行程序，单击命令按钮，则立即窗口中显示的内容是（   ）。

     A. 10 5   B. 10 40   C. 20 5   D. 20 40

32. 窗体中有命令按钮 Command1 和文本框 Text1，事件过程如下：

```
Function result (ByVal x As Integer) As Boolean
If x Mod 2=0 Then
result=True
Else
result=False
End If
End Function
Private Sub Command1_Click()
x=Val (InputBox ("请输入一个整数"))
If_____ Then
Text1=Str (x) &"是偶数."
Else
Text1=Str (x) &"是奇数."
End If
End Sub
```

运行程序，单击命令按钮，输入 19，在 Text1 中会显示"19 是奇数"，那么在程序的空白处应填写（   ）。

     A. result(x)="偶数"   B. result(x)

     C. result(x)="奇数"   D. NOT result(x)

33. 窗体有命令按钮 Command1 和文本框 Text1，对应的事件代码如下：

```
Private Sub Command1_Click()
For i=1 To 4
x=3
```

```
For j=1 To 3
For k=1 To 2
x=x+3
Next k
Next j
Next i
Text1.Value=Str(x)
End Sub
```

运行以上事件过程，文本框中的输出是（　　　）。

    A．6   B．12   C．18   D．21

34．窗体中有命令按钮 run34，对应的事件代码如下：

```
Private Sub run34_Enter()
Dim num As Integer,a As Integer,b As Integer,i As Integer
For i=1 To 10
num=InputBox("请输入数据：","输入")
If Int(num/2)=num/2 Then
a=a+1
Else
b=b+1
End If
Next i
MsgBox("运行结果：a="&Str(a)&",b="&Str(b))
End Sub
```

运行以上事件过程，所完成的功能是（　　　）。

    A．对输入的 10 个数据求累加和

    B．对输入的 10 个数据求各自的余数，再进行累加

    C．对输入的 10 个数据分别统计奇数和偶数的个数

    D．对输入的 10 个数据分别统计整数和非整数的个数

35．运行下列程序，输入数据 8，9，3，0 后，窗体中显示的结果是（　　　）。

```
Private Sub Form _Click()
Dim sum As Integer,m As Integer
sum=0
Do
m=InputBox("输入 m")
sum=sum+m
Loop Until m=0
MsgBox sum
End Sub
```

    A．0   B．17   C．20   D．21

二、填空题（每空 2 分，共 30 分）

1．一个栈的初始状态为空。首先将元素 5，4，3，2，1 依次入栈，然后退栈一次，再将元素 A，B，C，D 依次入栈，之后将所有元素全部退栈，则所有元素退栈（包括中间退栈的元素)的顺序为【1】。

2．在长度为 n 的线性表中，寻找最大项至少需要比较【2】次。

3．一棵二叉树有 10 个度为 1 的结点，7 个度为 2 的结点，则该二叉树共有【3】个结点。

4．仅由顺序、选择（分支）和重复（循环）结构构成的程序是【4】程序。

5．数据库设计的 4 个阶段是：需求分析、概念设计、逻辑设计和【5】。

6．如果要求在执行查询时通过输入的学号查询学生信息，可以采用【6】查询。

7．Access 中产生的数据访问页会保存在独立文件中，其文件格式是【7】。

8．可以通过多种方法执行宏：在其他宏中调用该宏；在 VBA 程序中调用该宏；【8】发生时触发该宏。

9．在 VBA 中要判断一个字段的值是否为 Null，应该使用的函数是【9】。

10．一下列程序的功能是求方程：$x^2+y^2=1000$ 的所有整数解。请在空白处填入适当的语句，使程序完成指定的功能。

```
Private Sub Commandl_Click()
Dim x As Integer,y As Integer
For x= -34 To 34
For y= -34 To 34
If 【10】 Then
Debug.Print x,y
End If
Next y
Next x
End Sub
```

11．下列程序的功能是求算式：1+1/2!+1/3!+1/4!+…前 10 项的和（其中 n!的含义是 n 的阶乘）。请在空白处填入适当的语句，使程序完成指定的功能。

```
Private Sub Commandl_Click()
Dim i As Integer,s As Single,a As Single
a=1:s=0
For i=1 To 10
a=【11】
s=s+a
Next i
Debug.Print "1+1/2!+1/3!+…=";s
End Sub
```

12．在窗体中有一个名为 Command12 的命令按钮，Click 事件功能是：接收从键盘输入的 10 个大于 0 的不同整数，找出其中的最大值和对应的输入位置。请在空白处填入适当语句，使程序可以完成指定的功能。

```
Private Sub Command12_Click()
max=0
maxn=0
For i=1 To 10
num=Val(InputBox(",请输入第"&i&"个大于 0 的整数："))
If 【12】 Then
max=num
maxn=【13】
```

```
End If
Next i
MsgBox（"最大值为第"&maxn&"个输入的"&max)
End Sub
```

13. 数据库的"职工基本情况表"有"姓名"和"职称"等字段，要分别统计教授、副教授和其他人员的数量。请在空白处填入适当语句，使程序可以完成指定的功能。

```
Private Sub Commands_Click()
Dim db As DAO.Database
Dim rs As DAO.Recordset
Dim zc As DAO.Field
Dim Countl As Integer,Count2 As Integer,Count3 As Integer
Set db=CurrentDb()
Set rs=db.OpenRecordset（"职工基本情况表"）
Set zc=rs.Fields（"职称"）
Countl=0 : Count2=0 : Count3=0
Do While Not【14】
Select Case zc
Case Is="教授"
Countl=Countl+1
CaseIs="副教授"
Count2=Count2+1
Case Else
Count3=Count3+1
End Select
【15】
Loop
rs.Close
Set rs=Nothing
Set db=Nothing
MsgBox"教授："&Count1&",副教授："&Count2 &",其他："&count3
End Sub
```

2010 年 9 月计算机等级考试二级 Access 笔试试题解析

一、选择题

1. B。考查线性表两种存储结构的不同。顺序存储结构所占的存储空间是连续的，一般在程序设计语言中用一维数组来表示。而链式存储结构所占的存储结构是两部分，数据域与指针域。从而 B 选项符合题意。

2. C。考查栈中指针的操作。在栈中，指针 top 指向栈顶，bottom 指向栈底。栈顶指针动态反映栈中元素的变化情况，栈顶指针不变。

3. D。考查测试相关知识。测试的目的是发现程序中的错误。而 B、C 选项是调试的任务和目的。A 选项是测试的步骤中确定测试的结果。

4．A。考查软件危机知识。在软件开发和维护过程中，软件危机主要表现在：软件需求增长得不到满足；开发成本和进度无法控制；质量难以保证；不可维护或维护程序低；成本不断提高；开发生产率低。A选项是开发阶段出现的问题，不属于软件危机。

5．A。考查软件生命周期的概念。B选项缺少维护与退役阶段。C、D选项只是其中一个阶段。

6．D。考查对象与类知识。A选项是类的概念。题意为继承，只有类才有这个特性。B选项是对象的多态性。C选项是对象的分类性。

7．D。考查数据库系统划分原则。以内部结构则分为三级模式及二级映射。以数据之间的联系方式分为层次、网状、关系数据模型。A、B、C选项均为具体事物对比。

8．C。考查联系种类。联系分为3种：一对一；一对多；多对多。根据题意，一个工作人员可使用多台计算机，而一台计算机也可被多个人使用，没有单独的编制。于是，工作人员与计算机是多对多联系。

9．C。考查三级模式知识。外模式（子模式/用户模式）是用户的数据视图，与用户打交道，反映用户对数据的要求。概念模式（模式）是数据库系统中全局数据逻辑结构的描述，是全体用户的公共数据图，一种抽象的描述数据的概念记录类型及它们间的关系。内模式（物理模式）给出了数据库物理存储结构与物理存取方法，如数据存储的文件结构、索引等。D选项在概念模式中。

10．A。考查关系运算。在关系运算中，分为集合运算、专门关系运算两种。集合运算有并、交、差等，要求两个关系必须具有相同的结构。专门关系运算由选择、投影、连接构成。选择、投影都是针对一个关系运算的；选择，找出满足逻辑条件的元组操作；投影，找出满足逻辑条件的属性操作。连接，对两个及以上关系运算，而不注重结构，进行连接。于是A选项符合题意。

11．A。选择运算是从关系中找出满足条件的记录，选择的条件以逻辑表达式给出，使逻辑表达式为真的元组将被选出；投影运算是从关系中选出若干属性列组成新的关系；连接运算是从两个关系的笛卡儿积中选取满足条件的记录。

12．D。在本题这种情况下，一个读者可以与多本图书相关，故应为一对多关系。

13．A。表是数据库的核心与基础，存放数据库中的全部数据，是整个数据库系统的基础；宏是一系列操作的集合；报表可以将数据库中需要的数据提取出来进行分析、整理和计算，并将数据以格式化的方式发送到打印机；查询是数据库设计目的的体现，建立数据库之后，数据只有被使用者查询才能体现出它的价值。

14．C。货币型字段在数据表中占8个字节的存储空间，可以与数字型数据混合计算，结果为货币型，向货币型字段输入数据时不必输入美元符号和千位分隔符，并在此类型的字段中添加两位小数。因此，本题C选项错。

15．B。输入掩码设置为#，代表可以选择输入数据或空格。正确答案为B。

16．D。"[ ]"的含义是通配方括号内任一单个字符。因此，本题选D。

17．D。Select语句的格式为：Select 字段列表 From 表名 Where 条件表达式，其中的Where用于实现选择运算，而For语句、While语句是程序中用来实现循环的语句，If语句是程序中用来实现分支运算的语句。因此，本题答案为D。

18．B。在表视图中可以删除一个字段，也可以删除一条记录，同时还能对字段进行重命名。选中字段名后，右击，在弹出的快捷菜单中可以进行这些操作，唯独不能修改字段的类型，这只能在表设计视图下进行，故答案为B。

19．A。B选项中是两个字符串比较，结果为False；C选项中为关系表达式的值，结果为False；

D 选项中为日期型数据加 5，结果为 2010-5-6；只有 A 选项中两个日期数据相减后结果为整型数据 4，故答案为 A。

20．B。设置"Tab 键索引"属性可以在输入焦点后立即移至下一指定文本框。正确答案为 B。

21．A。在查询中语句 Between…And…表示查询介于这两者之间的数据，包括这两者，故答案为 A。

22．D。Select Avg（入学成绩）表示计算并显示入学成绩字段的平均值，Group By 表示按性别分组计算。本语句的意思也就是按性别分组计算并显示不同性别学生的平均入学成绩。因此，本题选 D。

23．D。引用窗体的控件值的格式为：Forms![窗体名]![控件名]或[Forms]![窗体名]![控件名]。因此，本题选 D。

24．A。因修改文本框的数据而触发的事件是 Change 事件。因此，本题选 A。

25．A。计算表达式的值用等号表示，求最小值的函数为 Min 函数中的参数用([ ])形式表示。因此本题选 A。

26．A。Val 是将字符串转换成数字的函数；Asc 是将字符串转换成字符代码的函数；Space 返回数值表达式的值的指定的空格字符数。正确答案为 A。

27．C。变量名的命名规则是：①变量名可以由字母、数字和（下画线）组合而成；②变量名不能包含除以外的任何特殊字符，如%、#、逗号、空格等；③变量名必须以字母或（下画线）开头；④变量名不能包含空白字符（换行符、空格和制表符称为空白字符）；⑤某些词称为保留字，具有特殊意义，不能用作变量名。A 选项不满足③，B 选项不满足②，D 选项不满足⑤。正确答案为 C。

28．C。此题考查 Do…While 循环，当 i 不小于等于 17 时跳出循环。第一次循环 i=i+2=8+2=10；第二次循环 i=10+2=12；第三次循环 i=12+2=14；第四次循环 i=14+2=16；第五次循环 i=16+2=18。执行完 5 次循环后 i 的值大于 17，故循环体不再执行。正确答案为 C。

29．B。Inputbox 函数的返回值类型为字符串型。因此，本题选 B。

30．C。首先用 Z 将 X 的值保存，之后将 Y 的值赋值给 X，再将 Z 所保存的 X 的值赋值给 Y，达到交换变量 X 和 Y 的目的。A、B、C 选项 X 和 Y 的值最后都为 X 的值。正确答案为 C。

31．D。在本题中主要考查静态变量及函数的调用，在调用函数 f 后，变量 x 和 y 的值均发生变化，结果为 x=20，y=40，故答案为 D。

32．B。本程序的作用是在键盘输入一个数据，调用 result 函数判断其是偶数还是奇数，根据判断在文本框中显示不同的结果，故答案为 B。

33．D。本题是一个三重循环，在最外层循环中变量 x 的值每次都初始化为 3，故只考虑内层的两重循环对 x 的影响即可，通过分析 x 的值共叠加了 6 个 3，故 x 的最终结果为 21。

34．C。本程序利用 Int 函数，其作用是对其中的参数进行取整运算，如果一个整数/2 后取整与其自身/2 相等，那么这个整数就是偶数，否则就是奇数，故本题答案为 C。

35．C。该段程序中，sum 的初值为 0，然后循环输入 m 的值 8，9，3，0，当 m 的值为 0 时，结束循环，每一次循环中，都将 m 的值累加到 sum 中，最后输出 sum。这段程序也就是求 8，9，3，0 的和，它们的和为 20。因此，本题选 C。

二、填空题

1．1DCBA2345。

2．$Log_2(n)$。

3．25。

4．结构化程序设计。

5．物理设计（物理结构设计）。

6．参数。参数查询是一种根据用户输入的条件或参数来检索记录的查询。参数查询利用对话框，提示用户输入参数，并检索符合所输入参数的记录。本题在查询时通过输入的学号来查询信息，正是参数查询的过程。因此本题为参数查询。

7．HTML。Access 2003 数据访问页对象不同于其他 Access 2003 对象，保存在 Access 2003 数据库(*.mdb)文件中，而是以一个单独的*.htm 格式的磁盘文件形式存储，仅在 Access 数据库页对象集中保留一个快捷方式。

8．事件。宏有多种运行方式。可以直接运行某个宏，可以运行宏组里的宏，还可以为窗体、报表及其上控件的事件响应而运行宏。

9．IsNull 函数。IsNull 函数是用来判断一个字段的值是否为空的函数。

10．x*x+y*y=1000。本程序通过循环结构判断 x 和 y 的平方和是否等于 1000，如果是，就打印出 x 和 y。注意求变量平方的表示形式。

11．a/i。本程序的作用是累加 1～10 的阶乘的倒数之和，在该处用变量 a 来计算各阶乘的倒数，然后用 s 来统计各阶乘的倒数之和。

12．num>max。程序中该处是通过从键盘输入的数据 num 和当前的最大值 max 比较，如果 num 比 max 大，则将 max=num。使 max 存放这两者中的较大者。在该处把 i 值存放到 maxn 中，目的是让 maxn 存放最大值的下标。

13．rs.EOF；Rs.MoveNext。本程序中，对该表中的记录集用循环结构进行遍历，Do While NOT rs.EOF 表示在没有访问到尾记录时继续遍历，直到访问到尾记录为止，尾记录用语句 rs.EOF 表示，每访问完一条记录，记录指针移动至下一条，用语句 rs.MoveNext 表示。因此本题的答案为：rs.EOF 和 Rs.MoveNext。

2011 年 3 月计算机等级考试二级 Access 笔试试题

一、选择题（每小题 2 分，共 70 分）

下列各题 A、B、C、D 四个选项中，只有一个选项是正确的。请将正确选项填涂在答题卡相应位置上，答在试卷上不得分。

1．下列关于栈，叙述正确的是（　　）。

　A．栈顶元素最先能被删除

　B．栈顶元素最后才能被删除

　C．栈底元素永远不能被删除

　D．以上 3 种说法都不对

2．下列叙述中正确的是（　　）。

　A．有一个以上根结点的数据结构不一定是非线性结构

　B．只有一个根结点的数据结构不一定是线性结构

　C．循环链表是非线性结构

D．双向链表是非线性结构

3．某二叉树共有 7 个结点，其中叶子结点只有 1 个，则该二叉树的深度为（假设根结点在第 1 层）（　　　）。

　　A．3　　　　　　　　　B．4　　　　　　　　　C．6　　　　　　　　　D．7

4．在软件开发中，需求分析阶段产生的主要文档是（　　　）。

　　A．软件集成测试计划

　　B．软件详细设计说明书

　　C．用户手册

　　D．软件需求规格说明书

5．结构化程序所要求的基本结构不包括（　　　）。

　　A．顺序结构

　　B．GOTO 跳转

　　C．选择（分支）结构

　　D．重复（循环）结构

6．下列描述中错误的是（　　　）。

　　A．系统总体结构图支持软件系统的详细设计

　　B．软件设计是将软件需求转换为软件表示的过程

　　C．数据结构与数据库设计是软件设计的任务之一

　　D．PAD 图是软件详细设计的表示工具

7．负责数据库中查询操作的数据库语言是（　　　）。

　　A．数据定义语言

　　B．数据管理语言

　　C．数据操纵语言

　　D．数据控制语言

8．一个教师可讲授多门课程，一门课程可由多个教师讲授。则实体教师和课程间的联系是（　　　）。

　　A．1:1 联系　　　　　　　　　　　　　　　B．1:m 联系

　　C．m:1 联系　　　　　　　　　　　　　　　D．m:n 联系

9．有 3 个关系 R、S 和 T 如下：

R		
A	B	C
a	1	2
b	2	1
c	3	1

S	
A	B
c	3

T
C
1

则由关系 R 和 S 得到关系 T 的操作是（　　　）。

　　A．自然连接　　　　　　B．交　　　　　　　C．除　　　　　　　D．并

10．定义无符号整数类为 UInt，下面可以作为类 UInt 实例化值的是（　　　）。

　　A．−369　　　　　　　　　　　　　　　　　B．369

　　C．0.369　　　　　　　　　　　　　　　　　D．整数集合{1，2，3，4，5}

11．在"学生"表中要查找所有年龄大于 30 岁的姓王的男同学，应该采用的关系运算是（　　　）。

　　A．选择　　　　　　　　　　　　　　　　　B．投影

C. 连接　　　　　　　　　　　　　D. 自然连接

12. 下列可以建立索引的数据类型是（　　　）。

A. 文本　　　　　　　　　　　　　B. 超级链接

C. 备注　　　　　　　　　　　　　D. OLE 对象

13. 下列关于字段属性的叙述中，正确的是（　　　）。

A. 可对任意类型的字段设置"默认值"属性

B. 定义字段默认值的含义是该字段值不允许为空

C. 只有"文本"型数据能够使用"输入掩码向导"

D. "有效性规则"属性只允许定义一个条件表达式

14. 查询"书名"字段中包含"等级考试"字样的记录，应该使用的条件是（　　　）。

A. Like "等级考试"

B. Like "*等级考试。

C. Like "等级考试*"

D. Like "*等级考试*"

15. 在 Access 中对表进行"筛选"操作的结果是（　　　）。

A. 从数据中挑选出满足条件的记录

B. 从数据中挑选出满足条件的记录并生成一个新表

C. 从数据中挑选出满足条件的记录并输出到一个报表中

D. 从数据中挑选出满足条件的记录并显示在一个窗体中

16. 在"学生"表中使用"照片"字段存放相片，当使用向导为该表创建窗体时，"照片"字段使用的默认控件是（　　　）。

A. 图形　　　　　　　　　　　　　B. 图像

C. 绑定对象框　　　　　　　　　　D. 未绑定对象框

17. 下列表达式计算结果为日期类型的是（　　　）。

A. #2012-1-23#-#2011-2-3#　　　　B. Year(#2011-2-3#)

C. DateValue("2011-2-3")　　　　　D. Len("2011-2-3")

18. 若要将"产品"表中所有供货商是"ABC"的产品单价下调 50 元，则正确的 SQL 语句是（　　　）。

A. Update 产品 Set 单价=50 Where 供货商="ABC"

B. Update 产品 Set 单价=单价-50 Where 供货商="ABC"

C. Update From 产品 Set 单价=50 Where 供货商="ABC"

D. Update From 产品 Set 单价=单价-50 Where 供货商="ABC"

19. 若查询的设计如下，则查询的功能是（　　　）。

A．设计尚未完成，无法进行统计

B．统计班级信息仅含 Null（空）值的记录个数

C．统计班级信息不包括 Null（空）值的记录个数

D．统计班级信息包括 Null（空）值全部记录个数

20．在教师信息输入窗体中,为职称字段提供"教授"、"副教授"、"讲师"等选项供用户直接选择，应使用的控件是（　　）。

A．标签　　　　　　　　　　　　　B．复选框

C．文本框　　　　　　　　　　　　D．组合框

21．在报表中要显示格式为"共 N 页，第 N 页"的页码，正确的页码格式设置是（　　）。

A．="共"+Pages+"页，第"+Page+"页"

B．="共"+[Pages]+"页，第"++"页"

C．="共"&Pages&"页，第"&Page&"页"

D．="共"&[Pages]&"页，第"&"页"

22．某窗体上有一个命令按钮，要求单击该按钮后调用宏打开应用程序 Word，则设计该宏时应选择的宏命令是（　　）。

A．RunApp　　　　　　　　　　　　B．RunCode

C．RunMacro　　　　　　　　　　　D．RunCommand

23．下列表达式中，能正确表示条件"x 和 y 都是奇数"的是（　　）。

A．x Mod 2=0 And y Mod 2=0　　　　　B．x Mod 2=0 Or y Mod 2=0

C．x Mod 2=1 And y Mod 2=1　　　　　D．x Mod 2=1 Or y Mod 2=1

24．若在窗体设计过程中,命令按钮 Command0 的事件属性设置如下图所示,则含义是（　　）。

A．只能为"进入"事件和"单击"事件编写事件过程

B．不能为"进入"事件和"单击"事件编写事件过程

C．"进入"事件和"单击"事件执行的是同一事件过程

D．已经为"进入"事件和"单击"事件编写了事件过程

25．若窗体 Frm1 中有一个命令按钮 Cmd1，则窗体和命令按钮的 Click 事件过程名分别为（　　）。

A．Form_Click( )　　　　Command1_Click( )

B．Frm1_Click( )　　　　Command1_Click( )

C．Form_Click( )　　　　Cmd1_Click( )

D．Frm1_Click( )　　　　Cmd1_Click( )

26．在 VBA 中，能自动检查出来的错误是（　　）。

    A．语法错误　　　　　　　　　　　　B．逻辑错误

    C．运行错误　　　　　　　　　　　　D．注释错误

27．下列给出的选项中，非法的变量名是（　　）。

    A．Sum　　　　　　　　　　　　　　B．Integer_2

    C．Rem　　　　　　　　　　　　　　D．Form1

28．如果在被调用的过程中改变了形参变量的值，但又不影响实参变量本身，这种参数传递方式称为（　　）。

    A．按值传递　　　　　　　　　　　　B．按地址传递

    C．ByRef 传递　　　　　　　　　　　D．按形参传递

29．表达式 "B=INT(A+0.5)" 的功能是（　　）。

    A．将变量 A 保留小数点后 1 位

    B．将变量 A 四舍五入取整

    C．将变量 A 保留小数点后 5 位

    D．舍去变量 A 的小数部分

30．VBA 语句 "Dim NewArray(10) As Integer" 的含义是（　　）。

    A．定义 10 个整型数构成的数组 NewArray

    B．定义 11 个整型数构成的数组 NewArray

    C．定义 1 个值为整型数的变量 NewArray(10)

    D．定义 1 个值为 10 的变量 NewArray

31．运行下列程序段，结果是（　　）。

```
For m=10 to 1 step 0
k=k+3
Next m
```

    A．形成死循环

    B．循环体不执行即结束循环

    C．出现语法错误

    D．循环体执行一次后结束循环

32．运行下列程序，结果是（　　）。

```
Private Sub Command32_Click()
f0=1:f1=1:k=1
Do While k<=5
f=f0+f1
f0=f1
f1=f
k=k+1
Loop
MsgBox "f="&f
End Sub
```

    A．f=5　　　　　　　　B．f=7　　　　　　　　C．f=8　　　　　　　　D．f=13

33．有如下事件程序，运行该程序后输出的结果是（　　）。

```
Private Sub Command33_Click()
Dim x As Integer,y As Integer
x=1:y=0
Do Until y<=25
y=y+x*x
x=x+1
Loop
MsgBox "x="&x&",y="&y
End Sub
```

    A．x=1，y=0   B．x=4，y=25

    C．x=5，y=30   D．输出其他结果

34．下列程序的功能是计算 sum=1+(1+3)+(1+3+5)+…+(1+3+5+…+39)

```
Private Sub Command34_Click()
t=0
m=1
sum=0
Do
t=t+m
sum=sum+t
m=_____
Loop While m<=39
MsgBox "Sum="&sum
End Sub
```

为保证程序正确完成上述功能，空白处应填入的语句是（   ）。

    A．m+1   B．m+2   C．t+1   D．t+2

35．下列程序的功能是返回当前窗体的记录集：

```
Sub GetRecNum()
Dim rs As Object
Set rs=_____
MsgBox rs.RecordCount
End Sub
```

为保证程序输出记录集（窗体记录源）的记录数，空白处应填入的语句是（   ）。

    A．Recordset   B．Me.Recordset

    C．RecordSource   D．Me.RecordSource

二、填空题

1．有序线性表能进行二分查找的前提是该线性表必须是【1】存储的。

2．一棵二叉树的中序遍历结果为 DBEAFC，前序遍历结果为 ABDECF，则后序遍历结果为【2】。

3．对软件设计的最小单位（模块或程序单元）进行的测试通常称为【3】测试。

4．实体完整性约束要求关系数据库中元组的【4】属性值不能为空。

5．在关系 $A(S,SN,D)$ 和关系 $B(D,CN,NM)$ 中，A 的主关键字是 S，B 的主关键字是 D，则称【5】是关系 A 的外码。

6. 在 Access 查询的条件表达式中要表示任意单个字符，应使用通配符【6】。

7. 在 Select 语句中，Having 子句必须与【7】子句一起使用。

8. 若要在宏中打开某个数据表，应使用的宏命令是【8】。

9. 在 VBA 中要将数值表达式的值转换为字符串，应使用函数【9】。

10. 运行下列程序，输入如下两行：

```
Hi,
I am here.
```

弹出的窗体中的显示结果是【10】。

```
Private Sub Command11_Click()
Dim abc As String, sum As string
sum=""
Do
abc=InputBox("输入 abc")
If Right(abc,1)="." Then Exit Do
sum=sum+abc
Loop
MsgBox sum
End Sub
```

11. 运行下列程序，窗体中的显示结果是：x=【11】。

```
Option Compare Database
Dim x As Integer
Private Sub Form_Load()
x=3
End Sub
Private Sub Command11_Click()
Static a As Integer
Dim b As Integer
b=x^2
fun1 x,b
fun1 x,b
MsgBox "x="&x
End Sub
Sub fun1(ByRef y As Integer,ByVal z As Integer)
y=y+z
z=y-z
End Sub
```

12. "秒表"窗体中有两个按钮（"开始/停止"按钮 bOK，"暂停/继续"按钮 bPus）；一个显示计时的标签 1Num；窗体的"计时器间隔"设为 100，计时精度为 0.1 秒。

要求：打开窗体如图 1 所示；第一次单击"开始/停止"按钮，从 0 开始滚动显示计时（图 2）；10 秒时单击"暂停/继续"按钮，显示暂停（图 3），但计时还在继续；若 20 秒后再次单击"暂停/继续"按钮，计时会从 30 秒开始继续滚动显示；第二次单击"开始/停止"按钮，计时停止，显示最终时间（图 4）。若再次单击"开始/停止"按钮可重新从 0 开始计时。

图1

图2

图3

图4

相关的事件程序如下。请在空白处填入适当的语句，使程序可以完成指定的功能。

```
Option Compare Database
Dim flag,pause As Boolean
Private Sub bOK Click()
flag=【12】
Me!bOK.Enabled=True
Me!bPus.Enabled=flag
End Sub
Private Sub bPus_Click()
pause=Not pause
Me!bOK.Enabled=Not Me!bOK.Enabled
End Sub
Private Sub Form Open(Cancel As Integer)
flag=False
pause=False
Me!bOK.Enabled=True
Me!bPus.Enabled=False
End Sub
Private Sub Form Timer()
Static count As Single
If flag=True Then
If pause=False Then
Me!1Num.Caption=Round(count,1)
End If
count=【13】
Else
count=0
End If
End Sub
```

13. 数据库中有"学生成绩表"，包括"姓名"、"平时成绩"、"考试成绩"和"期末总评"等字段。现要根据"平时成绩"和"考试成绩"对学生进行"期末总评"。规定："平时成绩"加"考试成绩"大于等于 85 分，则期末总评为"优"，"平时成绩"加"考试成绩"小于 60 分，则期末总评为"不及格"，其他情况期末总评为"合格"。

下面的程序按照上述要求计算每名学生的期末总评。请在空白处填入适当的语句，使程序可以完成指定的功能。

```
Private Sub Command0_Click()
Dim db As DAO.Database
Dim rs As DAO.Recordset
Dim pscj,kscj,qmzp As DAO.Field
Dim count As Integer
Set db=CurrentDb()
Set rs=db.OpenRecordset("学生成绩表")
Set pscj=rs.Fields("平时成绩")
Set kscj=rs.Fields("考试成绩")
Set qmzp=rs.Fields("期末总评")
count=0
Do While Not rs.EOF
【14】
If pscj+kscj>=85 Then
qmzp="优"
ElseIf pscj+kscj<60 Then
qmzp="不及格"
Else
qmzp="合格"
End If
rs.Update
count=count+1
【15】
Loop
rs.Close
db.Close
Set rs=Nothing
Set db=Nothing
MsgBox "学生人数："&count
End Sub
```

2011 年 3 月计算机等级考试二级 Access 笔试试题解析

一、选择题

1. A。栈是一种特殊的线性表，只允许在栈顶进行插入与删除操作，栈按照先进后出组织数据，所以答案为 A。

2．B。有一个以上根结点的数据结构一定是非线性结构，循环链表和双向链表均是线性表的链式存储结构，所以答案为 B。

3．D。设二叉树中，度为 0 的结点为 n_0，度为 1 的结点为 n_1，度为 2 的结点为 n_2，我们有公式：$n_0=n_2+1$，由题目有 $n_0=1$，因此 $n_2=0$，总共有 7 个结点，所以度为 1 的结点有 6 个，因此可以推出树的深度为 7，答案为 D。

4．D。该题为记忆题，平时复习的时候要记住。

5．B。结构化程序包括 3 种基本结构：顺序、选择和循环，因此答案选 B。

6．A。系统总体结构图不支持软件系统的详细设计，所以答案选 A。

7．C。该题为记忆题，负责数据库中查询操作的数据库语言是数据操纵语言，所以答案选 C。

8．D。由题目已知条件我们分析出为多对多的关系，因此答案选 D。

9．C。根据除运算的定义，可知答案选 C。

10．B。根据无符号整数的定义，A 选项含有符号所以不正确，C 选项为小数也不正确，D 选项为集合所以不正确，因此答案选 B。

11．A。根据概念的定义，可知为选择关系运算，所以答案选 A。

12．A。4 个选项中只有文本数据类型可以建立索引，这个需要平时在上机中留意一下，所以答案选 A。

13．D。并不是所有的类型字段值都可以设置"默认值"属性，定义字段默认值的含义不是该字段值不允许为空，而是该字段的数据内容相同或包含相同的部分，为减少数据输入量，我们将出现较多的值作为该字段的默认值，对于文本、数字、日期/时间、货币等数据类型的字段，都可以定义"输入掩码"，因此答案选 D。

14．D。查询"书名"字段中包含"等级考试"字样的记录，在"等级考试"前后都可能有文字，因此答案为 Like "*等级考试*"，因此答案选 D。

15．A。根据"筛选"的定义可知答案选 A。

16．C。"照片"字段使用的默认控件是绑定对象框，因此答案选 C。

17．C。A 选项"#2012-1-23#-#2011-2-3#"为一个整数值，B 选项"Year(#2011-2-3#)"返回年即 2011，D 选项"Len("2011-2-3")"返回字符串的长度，因此答案选 C。

18．D。根据题目要求，实现的 SQL 语句为"Update From 产品 Set 单价=单价-50 Where 供货商="ABC""，因此答案选 D。

19．C。在题目的图中，我们可以看出查询的设计视图中有"总计"行，且为"计数"，因此实现的功能为"统计班级信息不包括 Null（空）值的记录个数"，因此答案选 C。

20．D。根据题目要求，结合"组合框"的含义，可知答案选 D。

21．D。pages 与 page 为两个内部常量，pages 表示总共多少页，page 表示当前页，可知答案选 D。

22．A。单击按钮后调用宏打开应用程序 Word，则设计该宏时应选择的宏命令是 RunApp，所以答案选 A。

23．C。"x 和 y 都是奇数"，显然表示成"x Mod 2=1 And y Mod 2=1"，因此答案选 C。

24．D。由图可以看出，已经为"进入"事件和"单击"事件编写了事件过程，因此答案选 D。

25．D。若窗体 Frm1 中有一个命令按钮 Cmd1，因此两者的事件过程分别为：Frm1_Click( )、Cmd1_Click( )，因此答案选 D。

26．C。在 VBA 中，能自动检查出来的错误是语法错误，所以答案选 A。

27．A。非法的变量名是 Rem，因为它是关键字，因此答案选 C。

28．A。如果在被调用的过程中改变了形参变量的值，但又不影响实参变量本身，这种参数传递方式称为按值传递，所以答案选 A。

29．B。表达式"B=INT(A+0.5)"的功能是将变量 A 四舍五入取整，所以答案选 B。

30．B。VBA 语句"Dim NewArray(10) As Integer"的含义是：定义 11 个整型数构成的数组 NewArray，所以答案选 B。

31．B。分析程序得出答案选 B。

32．D。程序循环控制变量为 f，总共循环 5 次，每次循环后加一，最后执行后 f=13，因此答案选 D。

33．C。x 和 y 的初值分别为 1 和 0，第一次执行循环后，x 为 2，y 为 1；第二次执行循环后，x 为 3，y 为 5；第三次执行循环后，x 为 4，y 为 14；第四次执行循环后，x 为 5，y 为 30。此时 y 的值 30 超过限制条件 25，所以退出循环，所以答案选 C。

34．B。空白处应该填写 m+2，所以答案选 B。

35．B。空白处应填写 Me.Recordset，所以答案选 B。

二、填空题

1．顺序。

2．DEBFCA。

3．单元测试。

4．主键中。

5．D。

6．?。

7．Group By。

8．OpenTable。

9．str()。

10．hi,。

11．21。

12．true。

13．count+1。

14．rs.Edit。

15．rs.MoveNext。

2011 年 9 月计算机等级考试二级 Access 笔试试题

一、选择题（每小题 2 分，共 70 分）

下列各题 A、B、C、D 四个选项中，只有一个选项是正确的，请将正确选项填涂在答题卡相应位置上，答在试卷上不得分。

1．下列叙述中正确的是（　　）。

A．算法就是程序 　　　　　　　　　　　　B．设计算法时只需要考虑数据结构的设计

C．设计算法时只需要考虑结构的可靠性　　D．以上 3 种说法都不对

2．下列关于线性链表的叙述中，正确的是（　　）。

A．各数据结点的存储空间可以不连续，但它们的存储顺序与逻辑顺序必须一致

B．各数据结点的存储顺序与逻辑顺序可以不一致，但它们的存储空间必须连续

C．进行插入与删除时，不需要移动表中的元素

D．以上 3 种说法都不对

3．下列关于二叉树的叙述中，正确的是（　　）。

A．叶子结点总是比度为 2 的结点少一个

B．叶子结点总是比度为 2 的结点多一个

C．叶子结点数是度为 2 的结点数的两倍

D．度为 2 的结点数是度为 1 的结点数的两倍

4．软件按功能可以分为应用软件、系统软件和支撑软件（或工具软件）。下面属于应用软件的是（　　）。

A．学生成绩管理系统　　　　　　　　　B．C 语言编译程序

C．UNIX 操作系统　　　　　　　　　　D．数据库管理系统

5．某系统总体结构图如下图所示：

该系统总体结构图的深度是（　　）。

A．7　　　　　　　B．6　　　　　　　C．3　　　　　　　D．2

6．程序调试的任务是（　　）。

A．设计测试用例　　　　　　　　　　　B．验证程序的正确性

C．发现程序中的错误　　　　　　　　　D．诊断和改正程序中的错误

7．下列关于数据库设计的叙述中，正确的是（　　）。

A．在需求分析阶段建立数据字典　　　　B．在概念设计阶段建立数据字典

C．在逻辑设计阶段建立数据字典　　　　D．在物理设计阶段建立数据字典

8．数据库系统的三级模式不包括（　　）。

A．概念模式　　　　B．内模式　　　　C．外模式　　　　D．数据模式

9．有 3 个关系 *R*、*S* 和 *T* 如下：

	R				*S*				*T*	
A	*B*	*C*		*A*	*B*	*C*		*A*	*B*	*C*
a	1	2		*A*	1	2		*c*	3	1
b	2	1		*b*	2	1				
c	3	1								

则由关系 *R* 和 *S* 得到关系 *T* 的操作是（　　）。

A．自然连接　　　　B．差　　　　　　C．交　　　　　　D．并

10．下列选项中属于面向对象设计方法主要特征的是（　　）。

　　A．继承　　　　　　B．自顶向下　　　　　C．模块化　　　　D．逐步求精

11．下列关于 Access 数据库特点的叙述中，错误的是（　　　）。

　　A．可以支持 Internet/Intranet 应用

　　B．可以保存多种类型的数据，包括多媒体数据

　　C．可以通过编写应用程序来操作数据库中的数据

　　D．可以作为网状型数据库支持客户机/服务器应用系统

12．学校规定学生住宿标准是：本科生 4 人一间，硕士生 2 人一间，博士生 1 人一间，学生与宿舍之间形成了住宿关系，这种住宿关系是（　　　）。

　　A．一对一联系　　　B．一对四联系　　　　C．一对多联系　　D．多对多联系

13．在 Access 数据库中，表由（　　　）。

　　A．字段和记录组成　　　　　　　　　　B．查询和字段组成

　　C．记录和窗体组成　　　　　　　　　　D．报表和字段组成

14．可以插入图片的字段类型是（　　　）。

　　A．文本　　　　　　B．备注　　　　　　C．OLE 对象　　　D．超链接

15．输入掩码字符"C"的含义是（　　　）。

　　A．必须输入字母或数字　　　　　　　　B．可以选择输入字母或数字

　　C．必须输入一个任意的字符或一个空格　D．可以选择输入任意的字符或一个空格

16．若在查询条件中使用了通配符"!"，它的含义是（　　　）。

　　A．通配任意长度的字符　　　　　　　　B．通配不在括号内的任意字符

　　C．通配方括号内列出的任一单个字符　　D．错误的使用方法

17．在 SQL 语言的 Select 语句中，用于指明检索结果排序的子句是（　　　）。

　　A．From　　　　　　B．While　　　　　　C．Group By　　　D．Order By

18．下列属性中，属于窗体的"数据"类属性的是（　　　）。

　　A．记录源　　　　　B．自动居中　　　　　C．获得焦点　　　D．记录选择器

19．要将"选课成绩"表中学生的"成绩"取整，可以使用的函数是（　　　）。

　　A．Abs([成绩])　　　B．Int([成绩])　　　　C．Sqr([成绩])　　D．Sgn([成绩])

20．在 Access 中为窗体上的控件设计 Tab 键的顺序，应选择"属性表"窗口的（　　　）。

　　A．"格式"选项卡　B．"数据"选项卡　　C．"事件"选项卡　D．"其他"选项卡

21．下图所示的是报表设计视图，由此可判断该报表的分组字段是（　　　）。

　　A．课程名称　　　　　B．学分　　　　　　C．成绩　　　　　D．姓名

22．商品表内容如下：

部门号	商品号	商品名称	单价	数量	产地
40	0101	A 牌电风扇	200.00	10	广东
40	0104	A 牌微波炉	350.00	10	广东
40	0105	B 牌微波炉	600.00	10	广东
20	1032	C 牌传真机	1000.00	20	上海
40	0107	C 牌微波炉_A	420.00	10	北京
20	0110	A 牌电话机	200.00	50	广东
20	0112	B 牌手机	2000.00	10	广东
40	0202	A 牌电冰箱	3000.00	2	广东
30	1041	B 牌计算机	6000.00	10	广东
30	0204	C 牌计算机	10000.00	10	上海

执行 SQL 命令：

　　Select 部门号,Max(单价*数量) From 商品表 Group By 部门号;

查询结果的记录数是（　　　）。

　　A．1　　　　　　　　B．3　　　　　　　　C．4　　　　　　　　D．10

23．某学生成绩管理系统的主窗体如下图左侧所示，单击"退出系统"按钮会弹出下图右侧所示的"请确认"提示对话框；如果继续单击"是"按钮，才会关闭主窗体退出系统，如果单击"否"按钮，则会返回主窗体继续运行系统。

　　为了达到这样的运行效果，在设计主窗体时为"退出系统"按钮的"单击"事件设置了一个"退出系统"宏，正确的宏设计是（　　　）。

24．在打开窗体时，依次发生的事件是（　　　）。

　　A．打开（Open）→加载（Load）→调整大小（Resize）→激活（Activate）

　　B．打开（Open→激活（Activate）→加载（Load）→调整大小（Resize）

　　C．打开（Open）→调整大小（Resize）→加载（Load）→激活（Activate）

　　D．打开（Open）→激活（Activate）　→调整大小（Resize）→加载（Load）

25．在宏表达式中要引用 Form1 窗体中的 txt1 控件的值，正确的引用方法是（　　　）。

　　A．Form1!txt1　　　　　B．txt1　　　　　C．Forms!Form1!txt1　　　D．Forms!txt1

26. 将一个数转换成相应字符串的函数是（　　）。

    A．Str   B．String   C．Asc   D．Chr

27. VBA 中定义符号常量使用的关键字是（　　）。

    A．Const   B．Dim   C．Public   D．Static

28. 由"For i = 1 To 16 Step 3"决定的循环结构被执行（　　）。

    A．4 次   B．5 次   C．6 次   D．7 次

29. 可以用 InputBox 函数产生"输入对话框"。执行语句：

    `st=InputBox("请输入字符串","字符串对话框","aaaa")`

当用户输入字符串"bbbb"，单击 OK 按钮后，变量 st 的内容是（　　）。

    A．aaaa   B．请输入字符串 C．字符串对话框   D．bbbb

30. 下列不属于 VBA 函数的是（　　）。

    A．Choose   B．If   C．IIf   D．Switch

31. 若有以下窗体"单击"事件过程：

```
Private Sub Form_Click()
    result=1
    For i=1 To 6 Step 3
    result=result*i
    Next i
    MsgBox result
End Sub
```

打开窗体运行后，单击窗体，则消息框的输出内容是（　　）。

    A．1   B．4   C．15   D．120

32. 窗体中有命令按钮 Command32，其 Click 事件代码如下。该事件的完整功能是：接收从键盘输入的 10 个大于 0 的整数，找出其中的最大值和对应的输入位置。

```
Private Sub Command32_Click()
    max=0
    max_n=0
    For i=1 To 10
        num=Val(InputBox("请输入第"&i&"个大于 0 的整数："))
        if            Then
            max=num
            max_n=i
        End If
    Next i
    MsgBox("最大值为第"&max_n&"个输入的"&max)
End Sub
```

程序空白处应该填入的表达式是（　　）。

    A．num>i   B．i<max   C．num>max   D．num<max

33. 若有如下 Sub 过程：

```
Sub sfun (x As Single, y As Single)
    t=x
    x=t/y
```

```
    y=t Mod y
End Sub
```

向窗体中添加一个命令按钮 Command33，对应的事件过程如下：

```
Private Sub Command33_Click()
    Dim a As Single
    Dim b As Single
    a=5 : b=4
    sfun( a, b )
    MsgBox a&chr(10)+chr(13) &b
End Sub
```

打开窗体运行后，单击命令按钮，消息框中有两行输出，内容分别为（　　）。

    A．1 和 1　　　　　　B．1.25 和 1　　　　　C．1.25 和 4　　　　D．5 和 4

34．运行下列程序，显示的结果是（　　）。

```
Private Sub Command34_Click()
    i=0
    Do
        i=i+1
    Loop While i<10
    MsgBox i
End Sub
```

    A．0　　　　　　　　B．1　　　　　　　　C．10　　　　　　　D．11

35．运行下列程序，在立即窗口显示的结果是（　　）。

```
Private Sub Command0_Click()
    Dim I As Integer, J As Integer
    For I=2 To 10
        For J=2 To I/2
            If I mod J=0 Then Exit For
        Next J
        If J>sqr(I) Then Debug.Print I;
    Next I
End Sub
```

    A．1 5 7 9　　　　　B．4 6 8　　　　　　C．3 5 7 9　　　　　D．2 3 5 7

二、填空题（每空 2 分，共 30 分）

请将每空的正确答案写在答题卡[1]～[15]序号的横线上，答在试卷上不得分。

1．数据结构分为线性结构和非线性结构，带链的栈属于[1]。

2．在长度为 n 的顺序存储的线性表中插入一个元素，最坏情况下需要移动表中[2]个元素。

3．常见的软件开发方法有结构化方法和面向对象方法，对某应用系统经过需求分析建立数据流图（DFD），则应采用[3]方法。

4．数据库系统的核心是[4]。

5．在进行关系数据库的逻辑设计时，E-R 图中的属性常被转换为关系中的属性，联系通常被转换为[5]。

6．Access 数据库中的字节（Byte）数值类型在数据库中占[6]字节。

7．在报表中要显示格式为"第 N 页"的页码，页码格式设置是：="第"&[7]&"页"。

8．要将 Access 数据库中保存的数据发布到网络上，可以采用的对象是[8]。

9．若窗体名称为 Form1，则将该窗体标题设置为"Access 窗体"的语句是[9]。

10．下列程序段的功能是求 1～100 的累加和。请在空白处填入适当的语句，使程序完成指定的功能。

```
Dim s As Integer, m As Integer
s=0
m=1
Do While[10]
    s=s+m
    m=m+1
Loop
```

11．下列程序的功能是求算式：1-1/2+1/3-1/4+⋯前 30 项之和。请在空白处填入适当的语句，使程序可以完成指定的功能。

```
Private Sub Command1_Click()
  Dim i As Integer,s As Single, f As Integer
  s=0 : f=1
  For i=1 To 30
  s=s+f/i
  f=[11]
  Next i
Debug.Print "1-1/2+1/3-1/4+…="; s
End Sub
```

12．有一个标题为"登录"的用户登录窗体，窗体上有两个标签，标题分别为"用户名："和"密码："，用于输入用户名的文本框名为"UserName"，用于输入密码的文本框名为"UserPassword"，用于进行倒计时显示的文本框名为"Tnum"，窗体上有一个标题为"确认"的按钮名为"OK"，用于输入完用户名和密码后单击此按钮确认。

输入用户名和密码，如用户名或密码错误，则给出提示信息；如正确，则显示"欢迎使用！"信息。要求整个登录过程要在 30 秒中完成，如果超过 30 秒还没有完成正确的登录操作，则程序给出提示自动终止整个登录过程。

请在程序空白处填入适当的语句，使程序完成指定的功能。

```
Option Compare Database
```

```
Dim Second As Integer

Private Sub Form_Open(Cancel As Integer)
    Second=0
End Sub

Private Sub Form_Timer()
    If Second>30 Then
        MsgBox "请在 30 秒中登录", vbCritical, "警告"
        DoCmd.Close
    Else
        Me!Tnum=30-Second                       '倒计时显示
    End If
    Second=[12]
End Sub

Private Sub OK_Click()
    If Me.UserName <> "123" Or Me.UserPassword <> "456" Then
        MsgBox "错误!" + "您还有" & 30 - Second & "秒", vbCritical, "提示"
    Else
        Me.TimerInterval=[13]                   '终止 Timer 事件继续发生
        MsgBox "欢迎使用! ", vbInformation, "成功"
        DoCmd.Close
    End If
End Sub
```

13. 数据库中有"平时成绩"表，包括"学号"、"姓名"、"平时作业"、"小测验"、"其中考试"、"平时成绩"和"能否考试"等字段，其中，平时成绩=平时作业×50%+小测验×10%+期中成绩×40%，如果学生平时成绩大于等于 60 分，则可以参加期末考试（"能否考试"字段为真），否则学生不能参加期末考试。

下面的程序按照上述要求计算每名学生的平时成绩并确定是否能够参加期末考试。请在空白处填入适当的语句，使程序可以完成所需要的功能。

```
Private Sub Command0_Click()
    Dim db As DAO.Database
    Dim rs As DAO.Recordset
    Dim pszy As DAO.Field, xcy As DAO.Field, qzks As DAO.Field
    Dim ps As DAO.Field, ks As DAO.Field

    Set db=CurrentDb()
    Set rs=db.OpenRecordset("平时成绩表")
    Set pszy=rs.Fields("平时作业")
    Set xcy=rs.Fields("小测验")
    Set qzks=rs.Fields("期中考试")
    Set ps=rs.Fields("平时成绩")
    Set ks=rs.Fields("能否考试")

    Do While Not rs.EOF
        rs.Edit
```

```
            ps=[14]
            If ps>=60 Then
                ks=True
            Else
                ks=False
            End If
            rs.[15]
            rs.MoveNext
        Loop
        rs.Close
        db.Close
        Set rs=Nothing
        Set db=Nothing
    End Sub
```

2011 年 9 月计算机等级考试二级 Access 笔试试题解析

一、选择题

1．D。所谓算法，是指解题方案的准确而完整的描述，是一组严谨地定义运算顺序的规则，并且每一个规则都是有效的，且是明确的，此顺序将在有限的次数下终止。算法不等于程序，也不等于计算方法。

2．C。线性表的链式存储结构称为线性链表。在链式存储结构中，存储数据结构的存储空间可以不连续，各数据结点的存储顺序与数据元素之间的逻辑关系可以不一致，而数据元素之间的逻辑关系是由指针域来确定的。

3．B。由二叉树的性质可以知道在二叉树中叶子结点总是比度为 2 的结点多一个。

4．A。学生成绩管理系统为应用软件。

5．C。这个系统总体结构图是一棵树结构，在树结构中，根结点在第 1 层，同一层上所有子节点都在下一层，由系统总体结构图可知，这棵树共 3 层。在树结构中，树的最大层次称为树的深度。所以这棵树的深度为 3。

6．D。所谓程序调试，是将编制的程序投入实际运行前，用手工或编译程序等方法进行测试，修正语法错误和逻辑错误的过程。其任务是诊断和改正程序中的错误。

7．A。数据库设计目前一般采用生命周期法，即将整个数据库应用系统的开发分解成目标独立的若干阶段。分别是需求分析阶段、概念设计阶段、逻辑设计阶段、物理设计阶段、编码阶段、测试阶段、运行阶段、进一步修改阶段。对数据设计来讲，数据字典是进行详细的数据收集和数据分析所获得的主要结果。

8．D。数据库系统的三级模式包括概念模式、外模式和内模式。

9．B。由 3 个关系 R、S 和 T 的结构可以知道，关系 T 是由关系 R、S 经过差运算得到的。

10．A。面向对象设计方法的主要特征有封装性、继承性和多态性。而结构化程序设计方法的主要原则有自顶向下、逐步求精、模块化、限制使用 GOTO 语句。

11．D。Access 采用 OLE 技术能够方便地创建和编辑多媒体数据库，其中包括文本、声音、图像和视频等对象，可以采用 VBA 编写数据库应用程序，进一步完善了将 Internet 集成到整个办公室的桌面操作环境。

12．C。由于一间宿舍可以住宿多位学生，但一位学生只能住在一间宿舍里，所以这种住宿关系是一对多联系。

13．A。表是用来存储数据的对象，是数据库系统的核心与基础。一个数据库可以包含多个表。在表中，数据的保存形式类似于电子表格，是以行和列的形式保存的。表中的行和列分别称为记录和字段，其中记录是由一个或多个字段组成的。

14．C。OLE 对象指字段允许单独地链接或嵌入 OLE 对象，可以将这些对象链接或嵌入到 Microsoff Access 表中。

15．D。各输入掩码的意义可以参考教材，答案选 D。

16．B。各通配符的意义可以参考教材。

17．D。Select 语句能够实现数据的筛选、投影和连接等操作，并能够完成如筛选字段重命名、多数据源数据组合、分类汇总和排序等具体操作。

18．A。"数据"属性决定一个控件或窗体中的数据来源，以及操作数据的规则，而这些数据均为绑定在控件上的数据。数据属性包括记录源、排序依据、允许编辑、数据入口等。

19．B。各函数的功能可以参考教材的附录。

20．D。其他属性表示控件的附加特征，包括名称、状态栏文字，自动 Tab 键、控件提示文字等。

21．D。根据报表的特点及题目中的报表设计视图分析可知，存在姓名页眉和姓名页脚，所以该报表是以姓名字段为分组依据的。

22．B。该 SQL 语句实现按部门分组查询总价最高的记录，所以查询结果的记录数为 3 条，分别是 3 个部门总价最高的记录。

23．A。根据题意可知题目的关键是单击"是"按钮时的响应事件，而在 MsgBox 函数中，只有当它的值为 6 时，代表的是单击"是"按钮。

24．A。打开或关闭窗体，或者在窗体之间移动，或者对窗体中数据进行处理时，将发生与窗体相关的事件。由于窗体的事件比较多，在打开窗体时，将按照下列顺序发生相应的事件：打开（Open）→加载（Load）→调整大小（Resize）→激活（Activate）→成为当前。

25．C。在输入条件表达式时，会引用窗体或报表上的控件。可以使用如下的语法：

Forms！【窗体名】!【控件名】或【Forms】!【窗体名】!【控件名】

Reports！【报表名】!【控件名】或【Reports】!【报表名】!【控件名】

26．A。各函数的功能可以参考教材。

27．A。在 VBA 编程过程中，如果在代码中要反复使用相同的值，或者代表一些具有特定意义的数字或字符串，可以用符号常量形式来表示，符号常量使用关键字 const 来定义，格式如下：const 符号常量名称：常量值。

28．C。根据题意可知，步长为 3，所以当 i 分别为 1、4、7、10、13、16 时执行循环体，所以共执行了 6 次。

29．D。输入框用于在一个对话框中显示提示，等待用户输入正文并按下按钮、返回包含文本框内容的字符串数据信息。它的功能在 VBA 中是以函数的形式调用的。

30．B。IIF 函数可用于选择操作。调用格式为：

IIF（条件表达式，表达式 1，表达式 2）

功能：函数根据"条件表达式"的值来决定返回值。如果"条件表达式"的值为"真"，函数返回"表达式 1"的值，否则返回"表达式 2"的值。

Switch 函数可用于多条件选择操作。

Choose 函数也是 VBA 函数。

31．B。根据题意可知，For 循环的步长为 3，只有当 i 分别为 1 和 4 时才会执行循环体，所以该事件的最终结果是 4。

32．C。由题意可知，max 代表最大值，max_n 代表最大值的位置，而 num 为输入的数值。在 If 语句中，将 num/max 的值赋予 max，只有当 num>max 时，才能将最大值找出来，并记录其位置。

33．B。由题意可知 sfun 函数实现求除数和求余数的功能，所以最终结果是 1.25 和 1。

34．C。依据题意可知，当执行完第 10 次循环体后，此时 i 的值为 10，While 的条件为假，所以跳出循环，所以最终的结果为 10。

35．D。分析得出答案为 D。

二、填空题

1．线性结构。一般将数据结构分为线性结构与非线性结构两大类。如果一个非空的数据结构满足以下两个条件：有且只有一个根结点；每一个结点最多有一个前件，也最多有一个后件，则称该数据结构为线性结构，所以带链栈为线性结构。

2．n。在顺序存储的线性表中插入一个元素时，一般是从最后的元素向后移动一位，移动到插入的位置后，插入元素。在最坏情况下，需要移动 n 个元素。

3．结构化。采用结构化方法开发软件时，需求分析阶段建立数据流。

4．数据库管理系统。一般认为，数据库系统包括 4 个部分：数据库、数据库管理系统、数据库应用程序、数据库管理员。其中数据库管理系统是为数据库的建立、使用和维护而配置的软件，是数据库系统的核心。

5．关系。在实体关系图中的联系通常被转换为关系。

6．1。Access 数据库的几种数据类型可以参考教材。

7．【Page】。可用表达式创建页码。Page 和 Pages 是内置变量，【Page】代表当前页号，【Pages】代表总页数。

8．数据访问页。要将 Access 数据库中保存的数据发布到网络上，可以采用的对象是数据访问页。

9．Form1.Caption=“Access 窗体”。窗体标题的属性为 Caption，所以可以通过更改 Caption 的值来设置窗体的标题。

10．m<=100 或者 m<101。Do…While 循环语句，当条件表达式结果为真时，执行循环体，直到条件表达式结果为假或执行到 Exit Do 语句退出循环体。

11．f*（−1）。由题意可知，当 i 为偶数时，该数值的符号为“负号”，所以空白处是更改符号的变换，所以填入 f*（−1）即可。

12．Second+1；0。由题意可知，Second 为记录时间的变量，并且显示的是 30 秒倒计时的时间，由 Me！Tnum=30-Second 可知 Second 是递增的，所以该空应填入 Second+1。当输入用户名和密码都正确时，停止 TimerInterval，所以第二个空应填入 0。

13．pszy*0.5+xcy*0.1+qzks*0.4；Update。由代码可知，首先计算出平时成绩，然后根据平时成绩是否及格来判断是否可以进行期末考试，所以第一个空应填入 pszy*0.5+xcy*0.1+qzks*0.4。最后是对记录的更新操作，所以第二个空应填入 Update。

2012 年 3 月计算机等级考试二级 Access 笔试试题

一、选择题（每小题 2 分，共 70 分）

下列各题 A、B、C、D 四个选项中，只有一个选项是正确的。请将正确选项填涂在答题卡相应位置上，答在试卷上不得分。

1. 下列叙述中正确的是（　　）。
   - A．循环队列是队列的一种链式存储结构
   - B．循环队列是一种逻辑结构
   - C．循环队列是非线性结构
   - D．循环队列是队列的一种顺序存储结构

2. 下列叙述中正确的是（　　）。
   - A．栈是一种先进先出的线性表
   - B．队列是一种后进先出的线性表
   - C．栈与队列都是非线性结构
   - D．以上 3 种说法都不对

3. 一棵二叉树共有 25 个结点，其中 5 个是叶子结点，则度为 1 的结点数为（　　）。
   - A．4
   - B．10
   - C．6
   - D．16

4. 下列模式中，能够给出数据库物理存储结构与物理存取方法的是（　　）。
   - A．内模式
   - B．外模式
   - C．概念模式
   - D．逻辑模式

5. 在满足实体完整性结束的条件下，（　　）。
   - A．一个关系中必须有多个候选关键字
   - B．一个关系中只能有一个候选关键字
   - C．一个关系中应该有一个或多个候选关键字
   - D．一个关系中可以没有候选关键字

6. 有 3 个关系 R、S 和 T 如下：

	R				S				T	
A	B	C		A	B	C		A	B	C
a	1	2		a	1	2		b	2	1
b	2	1		d	2	1		c	3	1
c	3	1								

则由关系 R 和 S 得到关系 T 的操作是（　　）。
   - A．差
   - B．自然连接
   - C．交
   - D．并

7. 软件生命周期中的活动不包括（　　）。
   - A．需求分析
   - B．市场调研
   - C．软件测试
   - D．软件维护

8. 不属于需求分析阶段任务的是（　　）。
   - A．确定软件系统的功能需求
   - B．制订软件集成测试计划
   - C．确定软件系统的性能需求
   - D．需求规格说明书评审

9. 在黑盒测试方法中，设计测试用例的主要根据是（　　）。
   - A．程序内部逻辑
   - B．程序流程图
   - C．程序数据结构
   - D.程序外部功能

10. 在软件设计中不使用的工具是（　　）。
    - A．数据流图（DFD 图）
    - B．PAD 图
    - C．系统结构图
    - D.程序流程图

11. 在 Access 数据库中，用来表示实体的是（　　）。
    - A．表
    - B．记录
    - C．字段
    - D．域

12. 在"学生"表中要查找年龄大于 18 岁的男学生，所进行的操作属于关系运算中的（　　）。
    - A．投影
    - B．选择
    - C．连接
    - D．自然连接

13. 假设"学生"表已有"年级"、"专业"、"学号"、"姓名"、"性别"和"生日"6个属性，其中可以作为主关键字的是"（　　　）"。

    A．姓名　　　　　　　　B．学号　　　　　　　C．专业　　　　　　　D．年级

14. 下列关于索引的叙述中，错误的是（　　　）。

    A．可以为所有的数据类型建立索引　　B．可以提高对表中记录的查询速度

    C．可以加快对表中记录的排序速度　　D．可以基于单个字段或多个字段建立索引

15. 若查找某个字段中以字母A开头且以字母Z结尾的所有记录，则条件表达式应设置为（　　　）。

    A．Like "A$Z"　　　B．Like "A#Z"　　　　C．Like "A*Z"　　　D．Like "A?Z"

16. 在学生表中建立查询，"姓名"字段的查询条件设置为"Is Null"，运行该查询后，显示的记录是（　　　）。

    A．姓名字段为空的记录　　　　　　　　B．姓名字段中包含空格的记录

    C．姓名字段不为空的记录　　　　　　　D．姓名字段中不包含空格的记录

17. 若要在一对多的关联关系中，"一方"原始记录更改后，"多方"自动更改，应启用（　　　）。

    A．有效性规则　　　　　　　　　　　　B．级联删除相关记录

    C．完整性规则　　　　　　　　　　　　D．级联更新相关记录

18. "教师"表的"选择查询"设计视图如下，则查询结果是（　　　）。

    A．显示教师的职称、姓名和同名教师的人数

    B．显示教师的职称、姓名和同样职称的人数

    C．按职称的顺序分组显示教师的姓名

    D．按职称统计各类职称的教师人数

19. 在"教师"表中"职称"字段可能的取值为教授、副教授、讲师和助教，要查找职称为教授或副教授的教师，错误的语句是（　　　）。

    A．Select * From　教师表　Where (InStr([职称], "教授") <> 0);

    B．Select * From　教师表　Where (Right([职称], 2) = "教授");

    C．Select * From　教师表　Where ([职称] = "教授");

    D．Select * From　教师表　Where (InStr([职称], "教授") = 1 Or InStr([职称], "教授") = 2);

20. 在窗体中为了更新数据表中的字段，要选择相关的控件，正确的控件选择是（　　　）。

    A．只能选择绑定型控件　　　　　　B．只能选择计算型控件

    C．可以选择绑定型或计算型控件　　D．可以选择绑定型、非绑定型或计算型控件

21. 已知"教师"表"学历"字段的值只可能是4项（博士、硕士、本科或其他）之一，为了方便输入数据，设计窗体时，学历对应的控件应该选择（　　　）。

    A．标签　　　　　　　B．文本框　　　　　　C．复选框　　　　　　D．组合框

22．在报表设计的工具栏中，用于修饰版面以达到更好显示效果的控件是（   ）。

     A．直线和多边形   B．直线和矩形   C．直线和圆形   D．矩形和圆形

23．要在报表中输出时间，设计报表时要添加一个控件，且需要将该控件的"控件来源"属性设置为时间表达式，最合适的控件是（   ）。

     A．标签   B．文本框   C．列表框   D．组合框

24．用 SQL 语句将"Student"表中字段"年龄"的值加 1，可以使用的命令是（   ）。

     A．Replace Student 年龄=年龄+1

     B．Replace Student 年龄 WITH 年龄+1

     C．Update Student Set 年龄=年龄+1

     D．Update Student 年龄 WITH 年龄+1

25．已知"学生"表如下：

学号	姓名	年龄	性别	班级
20120001	张三	18	男	计算机一班
20120002	李四	19	男	计算机一班
20120003	王五	20	男	计算机一班
20120004	刘七	19	女	计算机二班

执行下列命令后，得到的记录数是（   ）。

Select 班级，Max(年龄) From 学生表 Group By 班级

     A．4   B．3   C．2   D．1

26．数据库中可以被另存为数据访问页的对象是（   ）。

     A．窗体   B．报表   C．表和查询   D．以上均可

27．在宏设计窗口中有"宏名"、"条件"、"操作"和"备注"等列，其中不能省略的是（   ）。

     A．宏名   B．操作   C．条件   D．备注

28．宏操作不能处理的是（   ）。

     A．打开报表   B．对错误进行处理   C．显示提示信息   D．打开和关闭窗体

29．下列关于 VBA 事件的叙述中，正确的是（   ）。

     A．触发相同的事件可以执行不同的事件过程

     B．每个对象的事件都是不相同的

     C．事件都是由用户操作触发的

     D．事件可以由程序员定义

30．下列不属于类模块对象基本特征的是（   ）。

     A．事件   B．属性   C．方法   D．函数

31．用来测试当前读写位置是否达到文件末尾的函数是（   ）。

     A．EOF   B．FileLen   C．Len   D．LOF

32．下列表达式中，能够保留变量 x 整数部分并进行四舍五入的是（   ）。

     A．Fix(x)   B．Rnd(x)   C．Round(x)   D．Int(x)

33．运行下列过程，当输入一组数据：10，20，50，80，40，30，90，100，60，70，输出的结果应该是（   ）。

```
Sub p1()
    Dim i, j, arr(11) As Integer
    k=1
```

```
    while k<=10
        arr(k)=Val(InputBox("请输入第"&k&"个数：","输入窗口"))
        k=k+1
    Wend
    For i=1 To 9
        j=i+1
        If arr(i) > arr(j) Then
            temp=arr(i)
            arr(i)=arr(j)
            arr(j)=temp
        End If
        Debug.Print arr(i)
    Next i
End Sub
```

　　A．无序数列　　　　B．升序数列　　　　　C．降序数列　　　　　D．原输入数列

34．下列程序的功能是计算 N = 2+（2+4）+（2+4+6）+⋯+（2+4+6+⋯+40）的值。

```
Private Sub Command34_Click()
    t=0
    m=0
    sum=0
    Do
        t=t+m
        sum=sum+t
        m=_____
    Loop While m<41
    MsgBox "Sum=" & sum
End Sub
```

空白处应该填写的语句是（　　　）。

　　A．t+2　　　　　B．t+1　　　　　　C．m+2　　　　　D．m+1

35．利用 ADO 访问数据库的步骤是：

① 定义和创建 ADO 实例变量

② 设置连接参数并打开连接

③ 设置命令参数并执行命令

④ 设置查询参数并打开记录集

⑤ 操作记录集

⑥ 关闭、回收有关对象

这些步骤的执行顺序应该是（　　　）。

　　A．①④③②⑤⑥　　B．①③④②⑤⑥　　　C．①③④⑤②⑥　　　D．①②③④⑤⑥

二、填空题（每空 2 分，共 30 分）

请将每空的正确答案写在答题卡【1】～【15】序号的横线上，答在试卷上不得分。

1．在长度为 n 的顺序存储的线性表中删除一个元素，最坏情况下需要移动表中的元素个数为【1】。

2．设循环队列的存储空间为 Q（1：30），初始状态为 front=rear=30。现经过一系列入队与退队运算后，front=16，rear=15，则循环队列中有【2】个元素。

3．数据库管理系统提供的数据语言中，负责数据的增、删、改和查询的是【3】。

4．在将 E-R 图转换到关系模式时，实体和联系都可以表示成【4】。

5．常见的软件工程方法有结构化方法和面向对象方法，类、继承及多态性等概念属于【5】。

6．Access 的查询分为 5 种类型，分别是选择查询、参数查询、操作查询、SQL 查询和【6】查询。

7．如果要求用户输入的值是一个 3 位的整数，那么其"有效性规则"表达式可以设置为【7】。

8．在"工资"表中有"姓名"和"工资"等字段，若要求查询结果按照工资降序排列，可使用的 SQL 语句是：Select 姓名，工资 From 工资表 Order By 工资【8】。

9．在宏中引用窗体控件的命令格式是【9】。

10．已知：Dim rs As new ADODB.Recordset，在程序中为了得到记录集的下一条记录，应该使用的方法是 rs.【10】。

11．在 VBA 中，没有显式声明或使用符号来定义的变量，其数据类型默认是【11】。

12．下列程序的功能是：输入 10 个整数，逆序后输出，请在程序空白处填入适当语句使程序完成指定的功能。

```
Private Sub Command2_Click()
  Dim i, j, k, temp, arr(11) As Integer
  Dim result As String
  For k=1 To 10
    arr(k)=Val(InputBox("请输入第" &k&"个数：", "数据输入窗口"))
  Next k
  i=1
  j=10
  Do
    temp=arr(i)
    arr(i)=arr(j)
    arr(j)=temp
    i=i+1
    j=【12】
  Loop While【13】
  result=""
  For k=1 To 10
    result=result & arr(k)&Chr(13)
  Next k
  MsgBox result
End Sub
```

13．已经设计出一个表格式窗体，可以输出"教师"表的相关字段信息，请按照以下功能要求补充设计：改变当前记录，消息框弹出提示"是否删除该记录？"，单击"是"按钮，则直接删除该当前记录；单击"否"按钮，则什么都不做，其效果图如下。

单击"退出"按钮，关闭窗体。

```
Private Sub btnCancel_Click()
      【14】
End Sub
'表格式窗体当前记录变化时触发
Private Sub Form_Current( )
  If MsgBox("是否删除该记录？", vbQuestion+vbYesNo, "确认" )=vbYes Then
      【15】
    End If
End Sub
```

2012 年 3 月计算机等级考试二级 Access 笔试试题解析

一、选择题

1．B。本题主要考查循环队列的概念，循环队列作为队列的一种也应该是线性结构。队列是一种逻辑结构，而循环队列是一种顺序存储结构的队列。

2．D。栈是先进后出的线性表，队列是先进先出的线性表，二者均为线性结构。

3．A。根据二叉树的性质，在任意二叉树中，度为 0 的结点（即叶子结点）总是比度为 2 的结点多一个，故此度为 1 的结点个数=总结点数−叶子节点数−度为 2 的节点数。

4．B。数据库有 3 层模式结构：逻辑模式是数据的全局逻辑结构的描述；外模式也称子模式，是局部数据的逻辑结构描述；而内模式也称存储模式，是数据库物理存储结构和存取方法的描述。

5．A。在关系数据库中，实体完整性的概念是主属性不能为空。在满足实体完整性的前提下，必须在关系中存在主属性，也就是在关系中应该有候选关键字。一个关系中可以有一个或者多个候选关键字。

6．D。由关系 T 中的数据可以看出，其数据由属于关系 R 但是不属于关系 S 的数据组成。所以关系 T 是由关系 R 和 S 通过差运算得到的。

7．A。软件的生命周期描述了软件从产生到最终消亡的全过程，生命周期中的活动包括需求分析、软件设计（分为概要设计和详细设计）、软件实现、软件测试和软件维护，不包括市场调研。

8．D。在软件开发的过程中，应该尽早地制订测试计划，其中在需求分析阶段制订系统测试计划，在概要设计阶段制订集成测试计划，在详细设计阶段制订单元测试计划。

9．B。黑盒测试法指的是根据程序的外部功能，把程序本身看成一个黑盒子，设计测试用例来验证程序外部功能的正确性。

10．C。在软件开发的各个阶段经常会使用到一些图形工具，如在需求分析阶段使用数据流图，在概要设计阶段使用系统结构图，在详细设计阶段使用程序流程图、N-S 图或者 PAD 图等。

11．B。在 Access 中，表是具有相同属性的实体的集合，一个记录表示一个实体，字段只能表示实体的某个属性。

12．B。关系运算有选择、投影、连接与自然连接。选择：从关系中找出满足给定条件的元组的操作。投影：从关系模式中指定若干属性组成新的关系。连接：将两个关系模式拼接成一个更宽的关系模式，生成的新关系中包含满足连接条件的元组；所以从学生表中查找年龄大于 18 周岁的男学生应该属于选择操作。

13．B。在关系型数据库中，作为主关键字属性的特点，能够唯一地确定一条记录，在"学生"表中，只有"学号"具有这一特点。

14．A。索引可以加快对数据的查询速度，索引文件作为一个独立的文件进行存储，文件中包含指向表记录的指针，建立索引后，表中记录的物理顺序不变，可以加快排序速度。索引可以基于单个或多个字段建立。不是所有的类型都可以创建索引，如备注型。

15．C。在条件表达式中，"？"表示任何单一字符，"＊"表示零个或多个字符，"＃"表示任何一个数字，"＄"表示特殊意义。

16．A。在 Access 中用户可以建立查询，只展示用户关心的数据。"姓名"字段的查询条件设置为"Is Null"只显示"姓名"字段为空的记录。

17．D。"有效性规则"属性可以指定对输入的记录、字段或控件中的数据的要求，当输入的数据违反了"有效性规则"的设置时，可以使用"有效性规则"属性指定将显示给用户的消息；完整性规则包括实体完整性、参照完整性和用户定义的完整性，完整性规则是对数据的约束；级联删除中，删除其外键值引用了删除的主键值的所有行；在级联更新中，更新所有外键值以便与新的主键值相匹配。

18．D。在该设计视图中，对"教师"表进行查询操作，选择的字段有"职称"和"姓名"，对"职称"进行分组操作，并对分组结果统计"教师"的人数。所以查询结果应该是"按职称统计各类职称的教师人数"。

19．C。InStr{[职称], "教授"}<>0 是指职称中含有"教授"两个字的记录。Right{[职称],2}="教授"表示职称中右边两个字为"教授"的记录。InStr{[职称],"教授"}=1 or InStr{[职称], "教授"}=2 表示"教授"在职称中为位置为 1 或 2。以上均符合条件。C 选项只选出了职称为"教授"的教师。

20．A。"数据"属性决定一个控件或窗体中的数据来源，以及操作数据的规则，只有绑定型控件才可以与数据库中的数据表进行绑定，并对数据表进行修改。

21．D。标签控件和文本框控件只能显示固定的信息，不能进行选择操作。复选框可以作为结合到"是/否"字段的独立控件，也可以用于接收用户在自定义对话框中输入数据的非结合控件，或者是选项组的一部分。组合框控件组合了列表框和文本框的特性，即可以在文本框中键入文字或在列表框中选择输入项，然后将值添加到基础字段中，符合要求。

22．B。在报表设计工具栏中，用于修饰版面以达到更好效果的控件是直线和矩形。

23．B。标签控件主要用来在窗体或报表上显示说明性文本；文本框控件主要用来输入或编辑字段数据，它是一种交互式控件；列表框表示一个选项清单；组合框控件组合了列表框和文本框的特性可以向表体添加文本框，以显示信息，如标题、参数选择及日期。

24．C。Update 语句用于修改表中的数据，格式为：Update 表名称 Set 列名称=新值 Where 列名称=某值。

25．C。执行该命令，是查找每个年级中年龄最大的学生，因为有两个年级，所以最后得到的记录数为 2。

26．D。数据访问页是直接与数据库中的数据联系的 Web 页，用于查看和操作来自 Internet 的数据，而这些数据是保存在 Access 数据库中的。可以将数据库中的表、查询、窗体或报表另存为数据访问页。

27．A。宏名就是用来定义一个或一组宏操作的名字，在以后要执行这个宏操作时，需要通过宏名来运行，因此宏名不可以省略。操作是宏运行时执行的动作；条件是对宏执行的限制，当设置了某个条件时，宏在执行之前先判断是否满足条件，如果满足则执行这个宏，如果不满足，则不执行；备注是对宏操作的备注，对宏的执行没有任何影响。

28．B。打开报表：OpenReport。打开一个窗体：OpenForm。关闭窗体：Close。显示提示信息：MsgBox。宏操作不能对错误进行处理。

29．A。事件是由系统定义的，事件的过程是由程序员定义的，因此触发相同的事件可以执行不同的事件过程；不同的对象可能有相同的实现，如很多控件都具有"获取焦点"事件。有些事件并不是用户触发的，如 Resize 事件。事件是由系统定义供程序员使用的，并不能由程序员定义。

30．D。类模块中没有函数的概念。

31．A。在到达文件末尾之前，EOF 函数一直返回 False，到达文件末尾时，EOF 函数返回 True；FileLen 函数返回一个文件的长度，单位为字节；Len 函数返回文本串的字符数；LOF 函数返回某文件的字节数。

32．C。Fix(x)和 Int(x)返回 x 的整数部分，对于小数部分完全舍弃。Rnd(x)返回一个随机数，Round(x)保留 x 的整数部分并进行四舍五入。

33．A。本段代码是一个单重循环，对于数组中的每一个元素，依次与后面的元素进行比较，较大的数放在前面。运行这个过程，返回序列为：10、20、50、40、30、80、90、60、70、100，表明是一个无序序列。

34．C。m 每次递增加 2，得到的数值为 2、4、6 等，在每次循环的开始，则 t 的值为 2、（2+4）、（2+4+6）等，sum 的值为 2、2+（2+4）、2+（2+4）+（2+4+6）等符合要求。

35．D。ADO 访问数据库的顺序为：①定义实例变量；②使用 Connection 对象连接到数据源；③设置参数并执行命令；④使用 Recordset 对象打开记录集；⑤在程序中操作记录集；⑥最后关闭回收有关对象。

二、填空题

1．【1】$n-1$。在长度为 n 的顺序线性表中删除一个元素，后面的元素要依次前移，最坏情况下也就是删除第一个元素，后面的 $n-1$ 个元素都需要移动。

2．【2】29。循环队列的元素个数计算公式为(rear-front+30) Mod 30。

3．【3】数据操纵语言或 DML 数据库管理系统是数据库的结构，它需要提供数据定义语言 DDL 用于实现数据的定义；数据操纵语言 DML 用于实现对数据的增加、删除、修改和查询；数据控制语言 DCL 用于实现访问权限的控制等。

4．【4】关系。将 E-R 图转换为关系模式时，实体和联系都可以表示为关系。

5．【5】面向对象方法。数据流图、系统结构图等概念属于结构化方法，而类、对象、继承、封装、多态等概念属于面向对象方法。

6．【6】交叉表查询。选择查询用于创建可用来回答特定问题的数据子集。它还可用于向其他数据库对象提供数据。创建选择查询后，就可以随时根据需要使用它。参数查询可以再在查询语句中插入参数。在建立查询时，可以选择交叉表查询。

7．【7】Between 100 And 999。Between…And…可以表示两个数之间的所有数值。

8．【8】DESC。在查询语句中，ASC 表示升序，DESC 表示降序。

9．【9】[Forms]![窗体名]![控件名]。引用窗体中控件的格式为：Forms![窗体名]![控件名]。

10．【10】MoveNext。rs.MoveNext 可以得到记录集的下一条记录。

11．【11】变体型。Variant 数据类型是所有没被显式声明（用如 Dim、Private、Public 或 Static 等语句）为其他类型变量的数据类型。Variant 数据类型并没有类型声明字符。

12．【12】j-1。为了实现逆序排序，需要对数组中的所有元素进行位置交换，arr(1)与 arr(10)

交换，arr(2)与 arr(9)交换等，在每次循环的结束后，执行 i+1，j−1，则 arr(i)向后移动一个位置，arr(j)向前移动一个位置，为下一轮的交换做准备。【13】i<=j。当 i>j 时，说明前半部分元素全部与后半部分元素进行交换，序列已经实现逆序。

13．【14】DoCmd.Close。DoCmd.Close 命令可以关闭本窗口。【15】Me.Record.Delete。Me.Recordset 是当前窗体的数据源对应的记录集。Me.Record.Delete 可以删除当前记录。

2012 年 9 月计算机等级考试二级 Access 笔试试题

一、选择题（每小题 2 分，共 70 分）

下列各题 A、B、C、D 四个选项中，只有一个选项是正确的。请将正确选项填涂在答题卡相应位置上，答在试卷上不得分。

1．下列链表中，其逻辑结构属于非线性结构的是（　　　）。
　　A．双向链表　　　　B．带链的栈　　　　C．二叉链表　　　　D．循环链表

2．设循环队列的存储空间为 Q(1∶35)，初始状态为 front=rear=35。现经过一系列入队与退队运算后，front=15，rear=15，则循环队列中的元素个数为（　　　）。
　　A．20　　　　　　　B．0 或 35　　　　　C．15　　　　　　　D．16

3．下列关于栈的叙述中，正确的是（　　　）。
　　A．栈底元素一定是最后入栈的元素　　　B．栈操作遵循先进后出的原则
　　C．栈顶元素一定是最先入栈的元素　　　D．以上 3 种说法都不对

4．在关系数据库中，用来表示实体间联系的是（　　　）。
　　A．网状结构　　　　B．树状结构　　　　C．属性　　　　　　D．二维表

5．公司中有多个部门和多名职员，每个职员只能属于一个部门，一个部门可以有多名职员。则实体部门和职员间的联系是（　　　）。
　　A．1∶m 联系　　　B．m∶n 联系　　C．1∶1 联系　　　D．m∶1 联系

6．有两个关系 R 和 S 如下：

	R				S	
A	B	C		A	B	C
a	1	2		c	3	1
b	2	1				
c	3	1				

则由关系 R 得到关系 S 的操作是（　　　）。
　　A．自然连接　　　　B．并　　　　　　　C．选择　　　　　　D．投影

7．数据字典（DD）所定义的对象都包含于（　　　）。
　　A．软件结构图　　　　　　　　　　　　B．方框图
　　C．数据流图（DFD 图）　　　　　　　　D．程序流程图

8．软件需求规格说明书的作用不包括（　　　）。
　　A．软件设计的依据　　　　　　　　　　B．软件可行性研究的依据
　　C．软件验收的依据　　　　　　　　　　D．用户与开发人员对软件要做什么的共同理解

9．下面属于黑盒测试方法的是（　　）。

　　A．边界值分析　　　B．路径覆盖　　　　　C．语句覆盖　　　　D．逻辑覆盖

10．下面不属于软件设计阶段任务的是（　　）。

　　A．制订软件确认测试计划　　B．数据库设计　　C．软件总体设计　D．算法设计

11．下列关于数据库设计的叙述中，错误的是（　　）。

　　A．设计时应将有联系的实体设计成一张表

　　B．设计时应避免在表之间出现重复的字段

　　C．使用外部关键字来保证关联表之间的联系

　　D．表中的字段必须是原始数据和基本数据元素

12．Access 中通配符"_"的含义是（　　）。

　　A．通配任意单个运算符　　　　　　　B．通配任意单个字符

　　C．通配任意多个减号　　　　　　　　D．通配指定范围内的任意单个字符

13．掩码"LLL000"对应的正确输入数据是（　　）。

　　A．555555　　　　B．aaa555　　　　　C．555aaa　　　　D．aaaaaa

14．对数据表进行筛选操作的结果是（　　）。

　　A．将满足条件的记录保存在新表中　　　B．隐藏表中不满足条件的记录

　　C．将不满足条件的记录保存在新表中　　D．删除表中不满足条件的记录

15．若 Access 数据表中有姓名为"李建华"的记录，下列无法查询出"李建华"的表达式是（　　）。

　　A．Like "华"　　　B．Like "*华"　　　　C．Like "*华*"　　　D．Like "??华"

16．有查询设计视图如下，它完成的功能是（　　）。

　　A．查询表"check-up"中符合指定学号、身高和体重的记录

　　B．查询当前表中学号、身高和体重信息均为"check-up"的记录

　　C．查询符合"check-up"条件的记录，显示学号、身高和体重

　　D．显示表"check-up"中全部记录的学号、身高和体重

17．要设置窗体的控件属性值，可以使用的宏操作是（　　）。

　　A．Echo　　　　　B．RunSQL　　　　　C．SetValue　　　D．Set

18．要覆盖数据库中已存在的表，可使用的查询是（　　）。

　　A．删除查询　　　B．追加查询　　　　　C．生成表查询　　D．更新查询

19．可以改变"字段大小"属性的字段类型是（　　）。

　　A．文本　　　　　B．OLE 对象　　　　　C．备注　　　　　D．日期/时间

20．在数据访问页中，为了插入一段可以滚动的文字，应该选择的工具图标是（　　）。

　　A．[abl]　　　　　B．[图]　　　　　C．[图]　　　　　D．[图]

21．SQL 查询命令的结构是：

　　Select…From…Where…Group By…Having…Order By…

其中，使用 Having 时必须配合使用的短语是（　　）。

　　A．From　　　　　B．Group By　　　　　C．Where　　　　D．Order By

22．在报表中若要得到"数学"字段的最高分，应将控件的"控件来源"属性设置为（　　）。

　　A．=Max([数学])　B．=Max["数学"]　　　C．=Max[数学]　　D．=Max"[数学]"

23．下面显示的是查询设计视图的设计网格部分，从下面所示的内容中，可以判定要创建的查询是（　　）。

A．删除查询　　　　B．追加查询　　　　C．生成表查询　　　　D．更新查询

24．要实现报表按某字段分组统计输出，需要设置的是（　　　）。

A．报表页脚　　　　B．该字段组页脚　　　　C．主体　　　　D．页面页脚

25．ADO 对象模型包括 5 个对象，分别是 Connection、Command、Field、Error 和（　　　）。

A．Database　　　B．Workspace　　　C．Recordset　　　D．DBEngine

26．在代码调试时，使用 Debug.Print 语句显示指定变量结果的窗口是（　　　）。

A．立即窗口　　　B．监视窗口　　　C．本地窗口　　　D．属性窗口

27．下列选项中，不是 Access 窗体事件的是（　　　）。

A．Load　　　　B．Unload　　　　C．Exit　　　　D．Activate

28．Select 命令中用于返回非重复记录的关键字是（　　　）。

A．Top　　　　B．Group　　　　C．Distinct　　　　D．Order

29．VBA 程序中，可以实现代码注释功能的是（　　　）。

A．方括号（[ ]）　　B．冒号（:）　　C．双引号（"）　　D．单引号（'）

30．下列叙述中，正确的是（　　　）。

A．Sub 过程无返回值，不能定义返回值类型

B．Sub 过程有返回值，返回值类型只能是符号常量

C．Sub 过程有返回值，返回值类型可在调用过程时动态决定

D．Sub 过程有返回值，返回值类型可由定义时的 As 子句声明

31．在代码中定义了一个子过程：Sub P(a,b) …End Sub，下列调用该过程的形式中，正确的是（　　　）。

A．P(10,20)　　　B．Call p　　　C．Call p 10,20　　　D．Call p(10,20)

32．在窗口中有一个标签 Label0 和一个命令按钮 Command1，Command1 的事件代码如下：

```
Private Sub Command1_Click()
    Label0.Left=Label0.Left+100
End Sub
```

打开窗口，单击命令按钮，结果是（　　　）。

A．标签向左加宽　　B．标签向右加宽　　C．标签向左移动　　D．标签向右移动

33．在窗体中有一个名为 Command1 的命令按钮，事件代码如下：

```
Private Sub Command1_Click()
    Dim m(10)
    For k=1 To 10
        m(k)=11-k
    Next k
    x=6
    MsgBox m(2+m(x))
End Sub
```

打开窗体，单击命令按钮，消息框的输出结果是（   ）。

      A．2   B．3   C．4   D．5

34．在窗体中有一个名为 run34 的命令按钮，事件代码如下：

```
Private Sub run34_Click()
    f1=1
    f2=1
    For n=3 To 7
        f=f1+f2
        f1=f2
        f2=f
    Next n
    MsgBox f
End Sub
```

打开窗体，单击命令按钮，消息框的输出结果是（   ）。

      A．8   B．13   C．21   D．其他结果

35．DAO 层次对象模型的顶层对象是（   ）。

      A．DBEngine   B．Workspace   C．Database   D．Recordset

二、填空题（每空 2 分，共 30 分）

请将每一个空的正确答案写在答题卡【1】～【15】序号的横线上，答在试卷上不得分。

1．一棵二叉树共有 47 个结点，其中有 23 个度为 2 的结点。假设根结点在第 1 层，则该二叉树的深度为【1】。

2．设栈的存储空间为 S(1：40)，初始状态为 bottom=0，top=0，现经过一系列入栈与出栈运算后，top=20，则当前栈中有【2】个元素。

3．数据独立性分为逻辑独立性和物理独立性。当总体逻辑结构改变时，其局部逻辑结构可以不变，从而根据局部逻辑结构编写的应用程序不必修改，称为【3】。

4．关系数据库中能实现的专门关系运算包括【4】、连接和投影。

5．软件按功能通常可以分为应用软件、系统软件和支撑软件（或工具软件）。UNIX 操作系统属于【5】软件。

6．要从关系中找出满足给定条件的元组，应使用的关系运算是【6】。

7．在 VBA 的函数调用过程中，要实现参数的传址调用，应将形式参数显示定义为【7】。

8．VBA 中要将数据写入文本文件，应使用函数【8】。

9．在设计条件宏时，对于连续重复的条件，可采用符号【9】来代替重复条件。

10．窗体中有一个名为 Command1 的命令按钮和一个名为 Text1 的文本框，事件代码如下：

```
Private Sub Command1_Click()_
    Dim a(10)As Integer, b(10)As Integer
    n=3
    For i=1 To 5
        a(i)=i
        b(n)=2*n+i
    Next i
    Me!Text1=a(n)+b(n)
End Sub
```

打开窗体，单击命令按钮，Text1 文本框中显示的内容是【10】。

11. 在窗体上有一个名为 num2 的文本框和 run11 的命令按钮，事件代码如下：

```
Private Sub run11_Click()
    Select Case num2
        Case 0
            result="0 分"
        Case 60 To 84
            result="通过"
        Case Is >85
            result="优秀"
        Case Else
            result="不合格"
    End Select
    MsgBox result
End Sub
```

打开窗体，在文本框中输入 80，单击命令按钮，输出的结果是【11】。

12. 下列程序的功能是：输出 10～100 的所有回文素数。所谓回文素数，是指如果一个数 是素数，则该数反序后形成的数也是素数。例如，13 是素数，13 反序形成得到数为 31，31 也是素数，则称 13 为回文素数。请在程序的横线处填写适当的语句，使程序完成指定的功能。

```
Private Sub Command12_Click()
    Dim k As Integer, m As Integer, n As Integer
    For k =10 To 100
        If prim(k)  Then
            m=【12】
            n=0
            Do While m >0
                n=n*10+m Mod 10
                m=m\10
            Loop
            If prim(n) Then
                MsgBox k &","& n
            End If
        End If
    Next k
End Sub
Public Function prim(n AS Integer) AS Boolean
    Dim j AS  Integer
    For j=2 To n/2
        If n Mod j=o  Then
            Prim=【13】
            Exit Function
        End If
    Next j
    Prim=True
    Exit Function
End Function
```

13. 下列过程的功能是：将当前数据库文件中"学生"表的所有学生"年龄"加 1。请在程序横线处填写适当的语句，使程序实现所需的功能。

```
Private Sub SetAgeplus2_Click()
    Dim cn As New ADODB.Connection
```

```
            Dim rs As New ADODB.Recordset
            Dim fd As ADODB.Field
            Dim strConnect As String
            Dim strSQL As String
            Set cn=CurrentProject.Connection
            strSQL="Select 年龄 from 学生表"
            rs.Open strSQL,cn,adOpenDynamic,
            adLockOptimistic,adCmdText
            Set fd=rs.Fields("年龄")
            Do While Not rs.EOF
                fd=【14】
                rs.Update
                rs.【15】
            Loop
            rs.Close
            cn.close
            set rs=Nothing
            set cn=Nothing
        End Sub
```

2012 年 9 月计算机等级考试二级 Access 笔试试题解析

一、选择题

1．C。二叉链表作为树的存储结构，链表中结点的两个链域分别指向该结点的第一个孩子结点和下一个兄弟结点。

2．B。循环队列的当前指针和尾指针都等于 15，此循环队列中元素的个数有两种情况：第一种情况是当前指针和尾指针都是第一次到达 15，此时元素个数为 0；第二种情况是当前指针第一次到达 15，而尾指针第二次到达 15，此时元素个数为 35。

3．B。栈是限定只能在表的一端进行插入和删除操作的线性表，必须按"后进先出"的规则操作元素。

4．D。在关系数据库中，实体间的联系由一个二维表来表示。

5．A。一个部门可以有多名员工，所以实体部门和职员间的联系是 $1:m$ 联系。

6．C。关系 S 是由关系 R 中的一行元组组成的，应通过选择运算得到。

7．C。数据字典是指对数据的数据项、数据结构、数据流、数据存储、处理逻辑、外部实体等进行定义和描述，其目的是对数据流程图中的各个元素做出详细的说明。

8．B。软件规格说明书主要有 3 个作用：①用户和软件开发人员之间的合同；②开发人员进行设计和编程的依据；③软件工程项目验收的依据。

9．A。采用黑盒技术设计测试用例的方法有等价类划分、边界值分析、错误推测、因果图和综合策略。

10．A。软件设计阶段总体分为两部分：概要设计和详细设计，此阶段的主要任务就是将需求规格说明文档转换为软件设计文档，将需求阶段提出的问题——解释，形成详细设计文档，并根据功能要求，定制相应数据结构、各种流程图等，为下一步编码做准备。

11．A。为了合理组织数据，关系数据库的设计应遵从以下几个基本设计原则。①关系数据库的设计应该遵从概念单一化"一事一地"的原则。"一事一地"指的是一个表描述一个实体或实体间的一种联系。例如，将有关学生基本情况的数据，包括性别、年龄、籍贯等，保存到"学生"表中；把成绩信息保存到"成绩"表中，而不是将这些数据统统放到一起。②避免表之间出现重复字段。避免表之间出现重复字段，是指除了保证表中有反映与其他表之间的联系的外部关键字之外，尽量避免在表之间出现重复字段。③表中的字段必须是原始数据和基本数据元素。④用外部关键字来保证有关联的表之间的联系。

12．D。各通配符的意义如下表所示。

字符	用　　法	示　　例
*	通配任意个数的字符	bo*可以查找到 book、bole，但查找不到 block
?	通配任何单个字符	bo?e 可以查找到 bolle，但查不到 book
[ ]	通配方括号内任何单个字符	bol[de]可以查找到 bold、bole，但查找不到 bola
!	通配任何不在括号内的字符	bol[!de]可以查找到 bola，但查找不到 bole
-	通配范围内的任何一个字符。必须以递增顺序来指定区域	bol[d-f]可以查找到 bold、bole，bolf，但查找不到 bolg
#	通配任何单个数字字符	2#45 可以查找到 2045、2245，但查找不到 22245

13．B。输入掩码中的字符 L 表示必须输入数字（0～9），字符 0 表示必须输入字母（A～Z）。所以掩码"LLL000"对应的只能输入 3 个字母及 3 个数字。

14．B。使用数据库表时，经常需要从很多的记录中挑选出满足条件的数据进行处理，这时需要对记录进行筛选。所谓筛选记录，是指经过筛选后的表，只显示符合条件的记录，而那些不符合条件的记录将被隐藏起来。

15．A。Like 运算符的作用如下表所示。

特殊运算符	运算符说明	示例	示例说明
Like	用于指定查找文本字段的字符模式。在所定义的字符模式中，用"?"表示该位置可匹配任何一个字符；用"*"表示该位置可匹配零或多个字符；用"#"表示该位置可匹配一个数字；用方括号描述一个范围，用于可匹配的字符范围	姓名 Like "?峰"	姓名为两个字，并且第 2 个字为"峰"
		姓名 Like "*峰"	姓名的最后一个字为"峰"字，所以只有 A 选项无法查出"李建华"

16．D。根据查询设计视图可知，并没有设置查询条件，而且只显示"学号"、"身高"和"体重"，所以它完成的功能是"显示表 check-up 中全部记录的学号、身高和体重"。

17．C。SetValue 对 Microsoft Access 窗体、窗体数据表或报表上的字段、控件或属性的值进行设置。

18．D。如果在数据表视图中对记录进行更新和修改，那么当要更新的记录较多，或需要符合一定条件时，就会费时费力，而且容易造成疏漏。更新查询是实现此类操作最简单、最有效的方法，它能对一个或多个表中的一组记录全部进行更新。

19．A。各字段类型简要说明如下表所示。

类型名称	定　　义	说　　明
文本	文本型字段	可以保存文本或文本与数字的组合，也可以是不需要计算的数字，默认文本型字段大小是 50 个字符，字段大小最多可达到 255 个字符，如果超过了 255 字符，可使用备注型
备注	备注型字段	可保存较长的文本，允许存储的最多字符个数为 64000，不能对备注型字段进行排序和索引
日期/时间	用来存储日期、时间或日期、时间的组合	
OLE 对象	指字段允许单独地"链接"或"嵌入"OLE 对象	OLE 对象字段最大可为 1GB，它受磁盘空间限制

所以只有"文本"可以改变字段大小属性。

20．D。与其他数据库对象设计视图中的工具箱相比，数据访问页的工具箱中增加了一些与网页设计相关的控件，主要控件的基本功能如下表所示。

控件	名称	说　明
A⊡	绑定范围	将页中的 HTML 代码与 Access 数据库中的"文本"或"备注"字段绑定，或将其与 Access 项目中的 text、ntext 或 varchar 列绑定。不能编辑绑定范围控件的内容（值）
⊡	滚动文字	文字在控件范围内滚动
⊡	展开	插入一个展开或收缩按钮，使分组的数据显示或收拢，增加数据显现的条理性
⊡	记录浏览	插入浏览数据的按钮
⊡	office 数据透视表	动态计算、绑定数据集的特定字段的统计数据，并显示，增强网页的统计功能
⊡	office 图表	以图表形式显示绑定数据集的特定字段的统计数据，增强网页的统计功能
⊡	office 电子表	以电子表形式显示绑定数据集的数据，增强网页的统计功能
⊡	超链接	插入一个超级链接地址，增强网页的动态性
⊡	图像超链接	插入一个图像形式的超级链接地址，增强网页的动态性
⊡	影片	创建影片控件，插入影片片段，增强网页的动态性

21．B。Having 必须跟随 Group By 使用，它用来限定分组必须满足的条件。

22．A。根据"控件来源"属性设置的格式可知，若要得到"数学"字段的最高分，则应设置为"=Max([数学])"。

23．B。从查询设计视图的设计网格部分可以看到"追加到："，可以判定这是创建追加查询。

24．B。如果是进行分组统计并输出，则统计计算控件应该布置在"组页眉/组页脚"节内相应位置，然后使用统计函数设置控件源即可。

25．C。ADO 对象模型包括 5 个对象，分别为 Connection 对象、Command 对象、Recordset 对象、Field 对象和 Error 对象。

① Connection 对象：用于建立与数据库的连接。通过连接可从应用程序访问数据源，它保存诸如指针类型、连接字符串、查询超时、连接超时和缺省数据库这样的连接信息。

② Command 对象：在建立数据库连接后，可以发出命令操作数据源。一般情况下，Command 对象可以在数据库中添加、删除或更新数据，或者在表中进行数据查询。Command 对象在定义查询参数或执行存储过程时非常有用。

③ Recordset 对象：表示数据操作返回的记录集。这个记录集是一个连接的数据库中的表，或者是 Command 对象的执行结果返回的记录集。所有对数据的操作几乎都是在 Recordset 对象中完成的，可以完成指定行、移动行、添加、更改和删除记录操作。

④ Field 对象：表示记录集中的字段数据信息。

⑤ Error 对象：表示数据提供程序出错时的扩展信息。

26．A。立即窗口是用来进行快速的表达式计算、简单方法的操作及进行程序测试的工作窗口。在代码窗口编写代码时，要在立即窗口打印变量或表达式的值，可使用 Debug.Print 语句。

27．C。打开或关闭窗体，在窗体之间移动，或者对窗体中数据进行处理时，将发生与窗体相关的事件。由于窗体的事件比较多，在打开窗体时，将按照下列顺序发生相应的事件：打开（Open）→加载（Load）→调整大小（Resize）→激活（Activate）→成为当前（Current）。如果窗体中没有活动的控件，在窗体的"激活"事件发生之后仍会发生窗体的"获得焦点"（GotFocus）事件，但是该事件将在"成为当前"事件之前发生。在关闭窗体时，将按照下列顺序发生相应的事件：卸载（Unload）→停用（Deactivate）→关闭（Close）。所以窗体的事件并没有包括 Exit 事件。

28．C。Select 语句能够实现数据的筛选、投影和连接操作，并能够完成筛选字段重命名、多数据源数据组合、分类汇总和排序等具体操作。其中 Distinct 表示查询要去掉重复行的所有记录。

29．D。一个好的程序一般都有注释语句。这对程序的维护有很大的好处。在 VBA 程序中，注释可以通过以下两种方式实现： 使用 Rem 语句，格式为：Rem 注释语句，用单引号 " ' "，格式为：'注释语句。

30．A。Sub 过程（又称子过程）以关键词 Sub 开始，以 End Sub 结束，其定义语句语法格式为：[Public｜Private | Static] Sub 子过程名（[<形参>]）[As 数据类型] [<子过程语句>] [Exit Sub] [<子过程语句>] End Sub。对于子过程，可以传送参数和使用参数来调用它，但不返回任何值。

31．D。子过程的调用形式有两种：Call 子过程名([<实参>]) 或子过程名[<实参>]。说明：用 Call 关键字调用子过程时，若有实参，则多个实参之间必须用逗号分隔，并把实参用圆括号括起，无实参时可省略圆括号；不使用 Call 关键字，若有实参，也不需用圆括号括起。若实参要获得子过程的返回值，则实参只能是变量，不能是常量、表达式或控件名。

32．D。Left 表示的是控件的左边距，所以 left+100 表示控件向右移动。

33．C。由题意可知，m(6). 的值为 5，m（7）=4，所以 m（2+m（6））=m（7）=4。

34．B。根据题意，执行的过程中，各变量的值如下表所示。

N	f	f1	f2
3	2	1	2
4	3	2	3
5	5	3	5
6	8	5	8
7	13	8	13

35．A。DAO 模型的分层结构包含了一个复杂的可编程数据关联对象的层次，其中 DBEngine 对象处于最顶层，它是模型中唯一不被其他对象所包含的数据库引擎本身。

二、填空题

1．【1】6。根据二叉树的性质，度为 0 的结点个数比度为 2 的结点多一个。所以本题中度为 0 的结点的个数为 24。在二叉树的第 k 层上，最多有 2^{k-1}（k>=1）个结点。所以第 1 层上最多 1 个结点，第 2 层上最多 2 个结点，第 3 层上最多 4 个结点，第 4 层上最多 8 个结点，第 5 层上最多 16 个结点。前 5 层的总共结点个数等于 31，而本题度为 2 的结点个数为 23，因此第 5 层上只能有 8 个度为 2 的结点，即在第 6 层上还有 16 个度为 0 的结点。

2．【2】20。栈是先进后出的数据结构，所以当栈顶指针 top 等于 20 时，当前栈中的元素个数等于 20。

3．【3】逻辑独立性。数据独立性是指当总体逻辑结构改变时，其局部逻辑结构不变，从而根据局部逻辑结构编写的应用程序不必修改。

4．【4】选择。关系数据库中能实现的专门关系运算包括选择、连接和投影。

5．【5】系统。UNIX 操作系统属于系统软件。

6．【6】选择 。从关系中找出满足给定条件的元组的操作称为选择。

7．【7】ByRef。过程定义时可以设置一个或多个形参（形式参数简称），多个形参之间用逗号分隔。其中，每个形参的完整定义格式为：

[Optional][ByVal | ByRef][ParamArray] Varname[( )][As type][=defaultvalue]
各项含义如下表所示。

形　参	描　述
Optional	可选项，表示参数不是必需的。如果使用了 ParamAtray，则任何参数都不能使用 Optional
ByVal	可选项，表示该参数按值传递
ByRef	可选项，表示该参数按地址传递。是 VBA 的缺省选项
ParamArray	可选项，只用于形参的最后一个参数，指明最后这个参数是一个 Variant 元素的 Optional 数组。使用 ParamArray 关键字可以提供任意数目的参数。但 ParamArray 关键字不能与 ByVal、ByRef 或 Optional 一起使用
Varname	必需的，形参名称。遵循标准的变量命名约定 type 可选项，传递给该过程的参数的数据类型
defaultvalue	可选项，任何常数或常数表达式。只对 Optional 参数合法。如果类型为 Object，则显式的缺省值只能是 Nothing

在调用过程中，一般主调过程和被调过程之间有数据传递，也就是主调过程的实参传递给被调过程的形参，然后执行被调过程。

8.【8】writeline 。FSO 是 FileSystemObject 或 Scripting.FileSystemObject 的缩写，用于操作磁盘、文件夹或文本文件。在 VBA 中，要将数据写入文本文件时，应使用函数 writeline。

9.【9】省略号。设置"条件"的含义是：如果前面的条件式结果为 True，则执行此行中的操作；若结果为 False，则忽略其后的操作。在紧跟此操作的下一行的"条件"单元格内输入省略号（……），就可以在上述条件为真时连续执行其后的操作。

10.【10】14。根据题意，执行的过程中，各变量的值如下表所示。

i	a(i)	b(3)	a(3) + b(3)
	1		
	2		
3	3	9	12
4	4	10	13
5	5	11	14

11.【11】通过。Select Case 语句中，Case 表达式可以是下列 4 种格式之一。

① 单一数值或一行并列的数值，用来与"表达式"的值相比较。成员间以逗号隔开。

② 关键字 To。分隔开的两个数值或表达式之间的范围。前一个值必须比后一个值要小，否则没有符合条件的情况。字符串的比较是从它们的第一个字符的 ASCII 码值开始比较的，直到分出大小为止。

③ 关键字 Is 接关系运算符，如<>、<、<=、=、>=或>，后面再接变量或精确的值。

④ 关键字 Case Else 后的表达式，是在前面的 Case 条件都不满足时执行的。

Case 语句是依次测试的，并执行第一个符合 Case 条件的相关的程序代码，即使再有其他符合条件的分支也不会再执行。如果没有找到符合的，且有 Case Else 语句的话，就会执行接在该语句后的程序代码。然后程序从接在 End Select 终止语句的下一行程序代码继续执行下去。当输入框中输入 80 时，输出的结果为"通过"。

12.【12】K；【13】False。由题意可知，prim 的函数功能是判断是否为素数，语句"If m Mod j=0 Then"成立时，表示 m 能被 j 整除，那么 m 就不是素数，所以第二个空应填入 prim=False。由题意可知，当 K 反序前为素数时，将该数赋值给 m，所以第二个空应填入 K。

13.【14】fd+1；【15】MoveNext。由代码可知，"学生"表中的年龄都加 1，所以第一个空应填入 fd+1。更新当前记录完毕后，记录指针移至下一条，所以第二个空应填入 MoveNext。

参 考 文 献

[1] 陈佛敏. Access 2003 数据库应用教程[M]. 武汉：华中科技大学出版社，2010.

[2] 陈佛敏. Access 2007 数据库应用教程[M]. 北京：人民邮电出版社，2013.

[3] 陈洪生. Access 2003 数据库应用习题与实验指导[M]. 武汉：华中科技大学出版社，2010.

[4] 汪志勇. Access 2007 数据库实验教程[M]. 北京：人民邮电出版社，2013.

[5] 教育部考试中心 编. 全国计算机等级考试二级教程：Access 数据库程序设计[M]. 北京：高等教育出版社，2013.